老汪谈职场

愿你既能站稳脚跟，又能眺望远方

老汪———— 著

北京联合出版公司

Beijing United Publishing Co.,Ltd.

图书在版编目（CIP）数据

老汪谈职场：愿你既能站稳脚跟，又能眺望远方 / 老汪著 . — 北京：北京联合出版公司，2017.4（2020.10重印）

ISBN 978-7-5502-9655-8

Ⅰ . ①老… Ⅱ . ①老… Ⅲ . ①成功心理-通俗读物 Ⅳ . ①B848.4-49

中国版本图书馆 CIP 数据核字（2017）第 017980 号

老汪谈职场：愿你既能站稳脚跟，又能眺望远方

作　　　者：老　汪
选题策划：北京时代光华图书有限公司
责任编辑：夏应鹏
特约编辑：卢倩倩
封面设计：新艺书文化
版式设计：张志凯

北京联合出版公司出版
（北京市西城区德外大街 83 号楼 9 层　100088）
北京时代光华图书有限公司发行
北京雁林吉兆印刷有限公司印刷　　新华书店经销
字数 184 千字　880毫米 ×1230毫米　1/32　8.25印张
2017 年 4 月第 1 版　　2020 年 10 月第 2 次印刷
ISBN 978-7-5502-9655-8
定价：49.80 元

袁亮 喜马拉雅 FM 教育培训
事业部总监

职场，还记得刚毕业那几年我们满怀期待地步入职场，却不得不遍体鳞伤地成长；一直在坚持最初的梦想，一直在坚持自己，永远也不要变成自己看不起的那种人的样子，可是我们又不得不和自己不喜欢的人配合与协作，收起自己的"玻璃心"和矫情；"耐撕"应该是混迹职场的必备技能。

虽然刚开始我们没有什么特别的技能，也没有什么社会资源，我们却很努力地想把老板安排的事情做好，只是突然有一天发现，有人的地方就有江湖，职场已经不仅仅是拼智商的地方；"能干活"仅仅是一个60分的要求，而剩下的从未有人教过我们。这里不像曾经在学校里读书，工作绩效不会像考试成绩那么简单地评价我们行还是不行，老板也不是老师，没有义务去教会我们一些什么；同事更不是同学，如何平衡利益和关系是一道永远解不完的题。

不得不承认我们这一生很短暂，却大半辈子都在工作；毕业1年、3年、5年……当我们不得不在这社会上靠自己闯出一片天的时候，我们会去期待有人引领我们，少走一些弯路，就像小时候父母教育我们如何在幼儿园做一个讨人喜欢的孩子一样。很多时候，我们确实需要一位长辈教我们如何在这复杂的职场中"混"得更好一点。刚毕业的时候，我也曾经简单地认为，职场，无非就是把事情做好就行，只是慢慢地才发现，这个所谓的"好"并没有标准答案，需要自己去评估和判断。也许，这就是现在比较流行的说法——"职商"了。

《老汪谈职场》并不是一本教我们如何能快速在职场中风生水起的书，在我看来，更多的是以一位资深HR的角度告诉我们职场中的一些事情应该如何更好地处理和如何学会换位思考。站在老板、同事，甚至是公司的角度上看待一个问题，我们便会得到不同的答案，也能更好地权衡利弊；我们很多时候并不是不知道怎么做，而是会自然而然地站在自己的角度上看问题和想问题，于是便会出现一些职场上的冲突和摩擦。

这本书是一面镜子，折射出无数我们在遇到似曾相识的问题的时候"或许更好的处理方法和解决方案"。这些问题和场景，或许是我们已经遇到但没有处理好的，或许是我们在未来还将遇到的，那么就当作一个没有标准答案的参考答案吧。人生无非就是在无数次的决策中都"对"那么一点点；在职场生涯无数的问题处理中都"好"那么一点点，我相信我们都会过得更好，更幸福。

这是一本先有音频，再有纸质版的书。很少有人会记得2015年4月，在喜马拉雅FM上多了一档职场节目——人呐（后来改名成《老汪谈职场》）。刚刚看了一眼 App，《老汪谈职场》正好更新到第 102 期，我也非常高兴地知道同名图书的出版也进入了尾声。2016 年 1 月，我开始负责喜马拉雅 FM 的教育培训业务，也开始真正接触老汪。

老汪，曾经的某外企 HR 高管，下海创业，做过产品、拍过视频、写过公众号，也做了这么一档音频节目。记得在 2016 年 7 月，老汪团队正式宣布结束商业化运作。我知道内容创业不易，更加知道老汪这一年的不容易。当创业项目结束的同时，留下的只有喜马拉雅 FM 的音频和这本书，或许这是一位还在坚持自己理想的 HR，在经历了职场那么多年后，想把他的故事讲给你听；或许这就是初心吧，我甚至去质疑：曾经年收入百万的老汪为什么要做这么一件不赚钱的事情？去做做高管培训、咨询不比这么折腾赚得多啊？

其实，人生除了眼前的赚钱，真的有诗和远方。

老汪更像一位混迹职场多年的大叔，把多年来自己了解的这些"坑"、这些干货告诉我们这样的年轻人，让我们在职场这条路上可以走得更顺一点。

无论你是刚毕业的年轻人，

还是混迹职场 3~5 年的"老司机"，

真心地希望这本书，

在你第一次带团队的时候，

第一次跨部门协调资源的时候，

第一次与平行部门争夺资源的时候，

第一次去和你不喜欢的人配合和协作的时候……

有那么一点帮助。

希望每一个"第一次"都能顺利一些。

.

王越男
英格索兰（中国）人力资源总监

转眼认识汪宇已经很多年了。他是我认识的做 HR 的男生中最不典型的，却也是最具创意的。每次跟他聊天，我经常会觉得这个朋友还是当年那个 IT 男孩，黑色的框架眼镜是他的标志。我见证了他从培训发展方面的专家到自媒体人的转变。这期间的过程一定不会平顺，而不变的是他一如既往地将自己丰沛的创造力展现出来给大家分享，无论是在讲台课，还是而今的喜马拉雅。

老汪不老，还很年轻，不只是他圆圆的娃娃脸叫人"穿越"，更是他不曾改变的初心。记得跟老汪在去新加坡开会来回路上的飞机上将近 10 个小时不曾中断的谈话，可以说是跨越职场、人场的各种探讨。回来后，我开玩笑说这是典型的双子座啊，话可真多还从不重复……

如今老汪更是将他的"絮絮叨叨"挪到了自媒体上。我听过他的很多期谈话，深深佩服他的敏锐还有贴心。怎么说呢？每次他给的建议都很中肯，可以说都是干货，就像他的为人一样，特实诚。很多人说老汪能说，但我要说这个曾经的理工少年其实更是想说给那些跟他当年一样的懵懂少年听，让他们能在起步的当下，自信稳当而不惑于心。我认为，他做到了，还会继续说下去，因为他初心不改。

汪莹
优步中国中区前总经理，滴滴出行优步中国负责人

每个人的职业发展都有顺风、逆风和慢速前进的航段。航向不确定，什么风都不是顺风。青年们，目标明确，好书伴你，精彩远航！

康越
勃林格殷格翰制药人体用药业务全球人力资源全球副总裁

《老汪谈职场》让我不禁回想起自己从事人力资源工作以来的许多往事与经历。汪宇兄集十几年人力资源从业经验与自媒体节目的言传身教于一身，从中西方人力资源实践的角度，用通俗的方法为初入职场的年轻人讲述了易懂的职场规则与道理。对于刚刚参加工作的人们来说，《老汪谈职场》无疑是一本令他们受益匪浅的必读书。

职场是我们大多数人的人生必然经历的场所。有人群活动的地方就是一个"工作场所"。书中提到的"管理老板""二手烟""加班单""舒适圈"等听起来都是家长里短，实则道出了职场中的微妙。"做自己"更是画龙点睛之笔！

在 VUCA 时代，怎样界定自己的角色，做出自己的贡献，表现自己的贡献，既在环境的影响中学习与进步，又去影响环境，改变环境；在环境中创新性的冒险，冒险性的创新，从而提高组织的绩效与能力，进而脱颖而出，成为一个组织不可或缺的领导者，应该是新一代职场人的追求与挑战。

《老汪谈职场》与其说是谈职场经历，不如说是娓娓道来的人生体验；与其说是讲职业发展，不如说是语重心长地讲做人。

饶晓谦
资深战略与领导力顾问，励衿领导力咨询合伙人、联合创始人

《老汪谈职场》是一本很实用也很好玩的书。记得 20 年前，我懵懵懂懂地进入职场的时候，用现在的话说，那真叫萌得一个金光灿烂。收到老汪的书稿后，我一边看一边在笑，他这本书里说的"菜鸟式的错误"，我差不多都犯过。

这本书对那些初入职场的新人来说有什么作用呢？依我来看，你按照老汪的建议做，你不一定就能成功；但是，如果你完全按照老汪的建议反过来做，恭喜你，你一定会"死无葬身之地"。老汪以他职场达人的视角（他可是专业 HR 出身，专门看人的那种），给职场新人提供了一本很好的"职场雷区"地图，以免身为"菜鸟"的你大无畏地冲过去，甚至连怎么"牺牲"的也搞不清楚。

如果你是像我一样的"老鸟"，老汪的这本书也是不错的。除了让你回忆一下漂在江湖这些年挨的那些"刀"，还能帮你在辅导新人时，在忆苦思甜之外，可以给出点系统的建议。人哥人姐不是白当的，除了有教训，总得来点干货不是？

总之，这不是那种高深莫测、看了等于没看（甚至还不如没看）的书。书如其人，《老汪谈职场》与老汪一样，热心、实在而且管用，实乃"菜鸟"防"雷"、"老鸟"疗伤之佳作。

郑中央
普象文化 CEO

从我们呱呱坠地的那一刻，父母便是我们的第一任老师，他们教我们说话、走路、待人接物。你会发现，父母没有太牛的知识体系，

但是他们教的这些根本的做人做事方式，会一直指导着我们的生活、社交等方方面面，有的甚至会默默地陪伴我们走过几年、几十年。而且，我们会发现这些东西是持续有用的，因为它们描述的是人性。

工作是一个人的第二生命，而这个生命模式里的生存智慧及对人性的解读，是一个空白领域。我们看过很多讲大道理的书，都是讲如何成功的，但是比那些成功诱惑更根本的是，我们需要理解工作中的人性状态，这是我们做事的基石。所有的事情都是在这种人性通道里流动的，这确实是一条隐形的根本大道。

在这本书里，我看到老汪怀有像父母一样的心态。他告诉读者各种职场情景中的应对取舍，把道理揉碎了，并细化到了每一个环节。说道理的人多，能把这些道理的应用细节和场景说得系统而详细的太少了。

如果真的能够认真理解这些细节，相信对刚进入职场的朋友会有莫大的帮助。

目 录

第
03
章 管理好老板，
让他成为你的贵人

第
04
章 直面办公室政治，
学好职场人士的必修课

第
08
章 走好职场之路，
生活在自己决定的世界里

第
09
章 成为出色的职场人士，
你还需要掌握哪些新技能

第

01

章

选择什么样的职业，
决定你以后过怎样的生活

工作前三年的重点不是赚钱，一个人一辈子赚的钱，都是在职业生涯的中后期赚到的。在职业生涯早期，最值得去做的事是熟悉行业，培养专业能力。简单地说，就是"开眼界、长本事、扩人脉"。

不要蒙着眼睛找工作

找工作其实是一个决策的过程。你需要找到做决策的依据。至于这个依据，可以是一些基本原则。确定原则之后，你就可以去找一些证据，来明确你要选择的职位是否能够满足你的这些需求。

在做自媒体节目的过程中，有很多朋友来咨询找工作的问题，我发现，他们在找工作的时候，就好像在买彩票碰运气，就好像在蒙着眼睛找工作。

为什么这么说呢？这些朋友很多都是刚刚毕业的大学生，他们遇到的问题也都很类似，那就是对于目前的工作不那么满意，因为和想象中的情景差别很大。其中，有的朋友就是因为这点辞职了，而且是"裸辞"；有的朋友还在坚持，但是对于能做多久并没有信心，同时他也在考虑，是换个部门、换家公司，还是换个行业。

为什么有这么多人都遇到了这个问题呢？原因是很多朋友在求职的时候，并不清楚自己申请的那个职位究竟是做什么工作的，做这种工作会有什么样的生活状态，会和什么样的同事朝夕相处。对于未来的工作，他们几乎一无所知，就一头冲了进去。

当然，有人可能会这么想：反正先做着再说，骑驴找马，等我慢慢去找。但是，真正毕业之后，大家面临的情况和在校时的差别非常大。在学校时，我们有同学，有老师，每天都生活在一个熟悉的圈子里面；但是毕业之后，我们面对的是一个全新的环境，很多时候自己住在一个租来的小房间里，每天上下班要在地铁、公交车上挤来挤去，还要自行解决早饭和晚饭的问题……在这种状态下，一旦对工作不满意，我们就会觉得压力非常大。于是，有人就会觉得这实在是自己不想做的，先辞职，回家继续再找工作。

但接下来，你就不得不与下一届的毕业生竞争，得到的仍然是最低的岗位和不高的薪水。这就相当于第一份工作白做了，它没有成为你进阶的垫脚石。一般来讲，职业发展最好是一个上台阶的过程，而不是一个不断地跳平台的过程。如果你在之前的一两年里面积累的资源、人脉、经验，没法带入下一个阶段，就只能选择跳到另外的新平台上从头开始。而不断地从头开始，会给职场新人带来更多的挑战。

对于职场新人，很多企业往往会安排一些比较基础的工作。所谓基础工作，就是那些重复性比较高，比较简单，对于能力要求不强的工作。如果你不断地换行业，也就意味着你每次都要从基础工作做起。

我在和大家聊的时候，很多人都表示不太愿意做那种重复性特别强的工作，尤其是学不到东西却反复在做的那种。但我真的想跟大家讲，作为一个新人进入一个全新的领域、全新的行业，这一关是逃不掉的，必须踏踏实实地把自己的姿态放下来，从头开始。

经过了这一段时间的磨炼，你会有以下收获：第一，你能够了解这个行业、这份工作真正需要了解的内容；第二，你可以对同事、团队展示你能够做好什么样的工作。这是职场人士成长的必备过程。但是，对于那些不断跳槽、不断换行业的朋友来说，你就不得不一次又一次地重复这个过程，而且这样容易进入一种消极的状态——职业焦虑。

我一直说年轻是有资本的，因为你有试错的机会。但是，如果盲目地试错，成本就会非常高，风险也会非常大。所以，不要蒙着眼睛找工作，最好能在你的在校阶段就花一点时间多了解一些。如果能够从大一、大二，研一、研二开始，就主动地、有意识地进入一些公司或企业里面去实习，去了解其中的真实情况，那么将对自己的就业、求职都非常有帮助。

找工作其实是一个决策的过程。你需要找到做决策的依据。至于这个依据，可以是你的一些基本的原则。比如，你想离开北方，到南方去发展，或者是你要学习发展，学一些本事，等等。当有了基本的原则后，接下来，你就可以去找一些证据，来明确你要选择的岗位是否能够满足自己的需求。

这是一个基本逻辑，我相信大部分朋友可能都是这么做的。每个人都会有一些基本的诉求、期望，然后再根据这些诉求、期望从各种各样的渠道获取信息，最后做出相应的判断。所以，在决定选择什么样的职业之前，一定需要了解行业的问题、公司的问题，以及岗位的问题。怎么了解呢？需要找到可靠的渠道。

对于目标公司的了解，毕业生们的渠道基本上是学校组织的一些宣讲会。这些宣讲会上通常都讲得非常笼统，讲行业的就业趋势，今年的就业压力，给同学们一些建议，什么时间段做什么事，什么事提早做准备，等等。但是，很多时候，企业是从宣传自己的角度出发的，讲的都是自己的优点，很少有企业会"自曝家丑"。这样一来，除非这家企业要破产，或者出现非常严重的负面消息，否则的话，呈现在大家眼前的大部分都是正面消息。

除了宣讲会，有的同学会去关注该企业的官网或相关媒体渠道，结果同样很少看到负面消息。也就是说，从企业对外宣传这个渠道，大家收集到的信息是打了一定折扣的。当然，也有同学会在贴吧等社交媒体上去发问。这也不失为一种方法。只是使用这种方法，大家还需要提高自己辨别信息真伪的能力。

除了自行查询，还有一个渠道，就是通过自己的师哥、师姐、亲戚朋友层层"牵线搭桥"，最后找到一个在这家公司或这个行业里工作的人。我们找他聊一聊，看看这家公司或这个行业到底如何。这是大家比较信任的渠道。

另外，对于岗位的了解，大部分人能看到的就是企业招聘网站上的岗位描述（JD），剩下的信息就是靠自己一条条去拼凑，拼出来一个想象中的样子，然后做决策。

有的问题其实没有标准答案，比如选择什么样的行业好，进入什么样的公司比较好。这里，我只能说"仁者见仁，智者见智"。从一个人力资源从业者的角度，我没办法帮你做决策，只能帮你从几个角度去分析，从几个维度去做判断。

但是，说到具体的岗位，估计没有人能够清楚地知道所有行业、所有公司、所有岗位的情况。最好的办法就是找一个机会到这家企业里面去实习。这样，你才有机会和那个部门的人聊一聊，真正地了解他的工作节奏是什么，他的工作状态、生活状态如何。只有亲自去看，才会了解他的工作性质到底是什么样的。如果没有实习机会，在微博或者求职网站上，找到这家公司的员工个人微博，点对点地联系他们，多尝试一下，总有人愿意帮忙。

做规划自己职业生涯的产品经理

如果你还不清楚要找什么样的工作，那么请问自己两个问题：第一，你想要过什么样的生活；第二，如果你是一件产品，你想用怎样的营销方式，把自己卖给什么样的用户。

十几年前，我毕业后的第一份工作是在体制内做大学老师。一年后，我跳槽去做工程师，工资是之前的四倍。但拿着四倍工资工作了一段时间之后，我认为这仍然不是我想要的生活，随即开始投简历，很快拿到了两个 offer，一个是北京的互联网公司，另一个是上海的通信公司。在实地体验后，我选择了上海。此后，我就一直在上海的外企圈子里工作，在上海结婚生子。几次跳槽的经历，让我有了一个体会：选择了一种工作，也就意味着选择了一种生活。

那么，我们该如何选择工作呢？如果你还不清楚要找什么样的工作，那么请问自己两个问题：

第一，你想要过什么样的生活；

第二，如果你是一件产品，你想用怎样的营销方式，把自己卖给什么样的用户。

以上这两个问题，就是产品经理经常思考的问题。

俗话说，他山之石，可以攻玉。我们只有向产品经理学习，用产品经理的思维模式将自己打磨成一件优质的产品，写出漂亮的宣传文案，才能完美地匹配自己的客户。为此，我们需要学会以下几种技能。

往回看，盘点你的资源

职业规划的常规逻辑是"往前看"，这里我要谈的是另一个逻辑——"往回看"。每个人的成长、学习、工作经历都不相同，所做的事情和认识的人不同，也就是说，你每走出一步，都会留下一个独一无二的脚印。把这些脚印连接起来，一条独一无二的路径就出现了。沿着这条路径再往前看，也许能有更多的可能性，也许能发现你的独特优势。我把这种从过去到未来连点成线，把经验、资源等整合起来的能力，称为资源整合能力。

我的一位朋友在百度做过市场营销，在 IBM 做过咨询，在制药企业做过 HR。后来，他从百度拉了几位做技术的同事，从 IBM 拉了几位做销售的同事，成立了一家基于微信做招聘的 Startup 公司，现在红红火火。这就是一个发挥出资源整合能力的典型例子。

洞悉问题背后的原因，把你的品牌"挖"出来

在面试的时候，我们需要洞悉面试官提出各种问题背后的原因是什么。

求职也有战术，讲究"知己知彼，百战不殆"。很多面试中提出的问题，背后其实都有一个明确的目的，即要判断你的能力，或

者要判断你的潜力。比如，一个最经典的问题"请评价一下你自己的优点和缺点"，面试官其实并不是真的关心你自己认为的优点和缺点是什么，实际上他是通过你对这个问题的回答，来判断你的自我认知能力。

自我认知度高的人成熟度普遍也高。经常反思的人，在评价自己的时候能够井井有条、逻辑清晰。为什么企业要招那些自我认知程度高的人呢？这是因为，自我认知和一个人的成熟度、自我管理能力关系很大。对于企业来说，他要招的是一个成年人，能够做同事、能独立解决问题的人，而不是招一个"小朋友"（不管你年龄如何，做了多少年，是否专业，是衡量一个人是否幼稚的唯一标准）。

在面试中，有一种大忌叫作自说自话，即没搞清楚面试官要问的是什么，就开始滔滔不绝地讲自己准备好的内容。往往这个时候，面试官会礼貌地打断你，说"我刚才的问题是……"。如果在面试中，没理解面试官的问题，不要紧，你可以试试这个办法，尝试着用自己的语言重新讲一遍面试官的问题，然后问他"我的理解对吗"。

简历直击兴奋点，与未来雇主的第一次交互

简历就是你这件"产品"的推广文案，是你与用户的第一次交互。简历没必要写太多，一到两页足矣。如果投的是外企，一定要准备一份英文简历。另外，也可以把以前实习过的雇主推荐信附上去，这个也很有帮助。

对于企业 HR 来说，希望看的是内容信息完整、逻辑清晰、重点突出的简历。学校、学历是企业选择管培生甚至是海外管培项目的一个重要标准。此外，发展潜力也是一个很重要的标准。具体说来，

发展潜力包括：

心智敏锐度，即好奇心和处理模糊复杂情况的能力；

人际敏感度，即善于和不同类型的人相处的能力；

变革敏锐度，即适应变化的能力；

结果敏感度，即通过别人搞定工作的能力；

自我认知，反思是最有效的提高自我认知能力的方法。

其中，人际敏感度强的应聘者更符合企业快节奏的特点。我建议大家有意识地培养自己的人际敏感度，因为这种能力的培养需要非常长的时间。

关于人际敏感度，比如这个问题，"请介绍一下您与一位您不喜欢的人一起工作的经历、一次印象深刻的与其他人建立非常牢固人际关系的经历"。出于人之常情，往往我们关注的人都是我们喜欢、认可的人。大家可以尝试着去接触一些你不喜欢的人，他们也许会带给你一些不同的视角、不同的理念。我们现在生活的世界都在去中心化，包括价值体系，也变得越来越多元，多听多看，才不"偏食"。

企业是一个大的分工合作系统，把一件事做成，需要调配各方资源，人、钱、时间都是需要考虑的，这是企业所需要的计划能力。在大学最能锻炼计划能力的事情，我认为是社团实践。

委婉而直接地用故事告诉未来雇主：我就是你想要的

面试就是讲自己的故事，而自己的故事是可以提前准备的。

准备"故事"有几个小建议，供大家参考：

第一，"亲身经历的、你是主角"；（印象深刻或者你主导的）

第二，"有趣的"；（有趣并能体现你能力的，这里的"能力"

指企业看重的能力）

第三，"有难度的"；（困难的事，难解决的点，积极应对的过程，以及最后完美解决的结果）

第四，"有收获的"。（认识到，学习到，体会到，感悟到，成就你新的优质的"产品性能"）

如何在面试中用一句话引起面试官的注意？介绍一个小办法，有一个公式：特点 + 经历 = 一句话介绍。

比如，"我叫汤姆，是一个比我周围大部分同学都冷静的人，我曾经……"短介绍主要用在面试介绍、群面等情况。

榨干岗位的隐形价值，才算对工作有了真正的了解

在选择什么样的公司这个问题上，我的建议是优先考虑行业，行业是否处在上升期对职业发展影响很大。在一个上升的行业中，比较容易享受到行业的上升红利。有些朋友会坚持求职时一定要做某个岗位，比如研发，其实加入一家公司之后，岗位是可以内部调整的，即转岗。选择了行业之后，再去考虑岗位和城市。

获得"用户"，首先要知道他想要什么

作为求职者，你的"用户"除了公司，还有岗位和城市。

如何知晓谁是你的"完美用户"，途径有通过求职网查看岗位要求、查资料或者去企业实习，发动社会资源请教师兄、师姐，社交网络关注从业者，利用好行业分析媒体，等等。

应对"奇葩"面试题：网球为什么毛茸茸

　　如何应对"奇葩"面试题呢？其实，无论问的形式如何，问的本质都是一样的，即面试官想通过这些问题，来了解你如何评价自己，你对自己的认知程度，以便确定你是否与企业的要求相匹配。

　　面试时，我们会被问到各种各样的问题。比如，无论是中国，还是美国，无论是国企，还是外企，在面试时最常问的一个问题就是"请您说一下您的优点是什么，您的缺点是什么"。现在，这个问题仍然存在，只是出现了很多变种。比如，如果让你的同事来评价你，你希望他会提及哪些优点；又如，你以前的经理希望你提高的三个方面分别是什么。当然，后者问得更加巧妙一些。

　　总之，无论问的形式如何，问的本质都是一样的。实际上，面试官问这种问题，并不是真的想去了解你的优点和缺点是什么，因为那毕竟是你自己的判断。他更想看到，你如何评价自己，你对自己的认知程度。再进一步，对于企业来说，录用那些自我认知高的人有什么好处呢？

　　其实，原因就在于，自我认知和一个人的成熟度、自我管理能力、自我学习的能力、潜力都有关系。所以，对于企业来说，它通过一个简单的问题就可以判断这个人对自己的认知清不清楚，进而判断这个人是否是企业需要的人。但是，这种问题实在是太普遍了，很多候选人事先都准备了很漂亮的答案。这就导致现在很多公司在面试的时候特别喜欢出奇制胜，问一些"奇葩"的、古怪的问题。

美国的加利福尼亚州有一个在线求职网站，叫作玻璃门，该网站每年都会做一个评选，选出当年最"奇葩"的面试问题。比如，2014 年美国的施乐公司，在招聘客户经理的时候，曾问了求职者这样一个问题："网球为什么是毛茸茸的？"这个问题让很多候选人掉进了"坑"里。又如，另外一家在线网络公司也问了一个"奇葩"的问题："请向我描述一下系安全带的过程，以及这么做的好处。"他们用这个问题来筛选合格的客服应用专家。

"奇葩"面试题的出现，甚至流行，可能让很多人对有些公司产生了一定的误会：这些公司就是在要大牌，专门用这种特别"奇葩"的问题，来难为来面试的人。事实是不是这样呢？企业在招人的时候要通过什么来判断候选人是否符合岗位要求呢？

有一个模型是专门用来解释这件事的，叫作 3C 模型。它具体是指，一家企业在招人的时候，要看三个方面的匹配度，第一个叫作能力匹配，第二个叫作职业发展匹配，第三个叫作文化匹配，对应的恰好是英文里的三个单词，都是 C 开头的，分别是 Competency、Career、Culture。

如何才能检验候选人的匹配度呢？比如，关于职业发展方面，一般情况下，传统企业会问"你对自己的职业是怎么规划的？""你理想的工作是什么？"或者"你为什么要离开现在的公司？"再如，关于文化方面，一般会问"你希望在什么样的团队里工作？"

美国的一家在线电商曾经问了应聘者这样一个问题："如果由你来负责公司的一次旅行，什么标准、什么规格都可以，你会怎么做呢？"大家猜猜看，这个问题的背后到底要看的是什么？用上面的 3C 模型来验证，这个问题对应的是哪个 C 呢？答案是文化。这家企业就是通过这样的问题来找出那些和它"气味相投"的人。

再如，把你放到孤岛上，只允许你带三样东西，你会带什么？可能很多人会想：我要带什么呢？我要带把刀，带一盒火柴，但是有的人就回答"我要带一本叔本华的书""我要带一个 iPad"……可能回答带火柴的会被一类公司挑去，回答带书的会被另外一类公司挑去。我非常佩服设计出这种问题的人。但是，如果一家公司的组织文化没有那么鲜明的特点，这种问题就不太适合。

实际上，这些"奇葩"问题很多并没有标准答案。面试官问出问题之后，并不期待着一个完全正确的答案，他们要看的，是候选人的解题思路。候选人突然被问到一个完全没想到的问题，这非常考验他的反应速度，以及他的思维模式。

很多高科技公司特别喜欢这个玩法。他们把问题丢出去之后，就看你是怎么思考的，你的反应够不够快，有没有创意。比如，美国去年吃掉的比萨饼，全都加在一起，总面积有多少平方英尺？这个问题其实就是一道数学题。没有一个准确的数值，但是你可以去估算，这就能反映出一个人思考的过程。同样的，"网球为什么是毛茸茸的"也是在考你的思考过程。那么，网球为什么是毛茸茸的呢？我看到一个比较好的答案是这样的："网球上的毛能够减慢球速，同时能够防止它弹得太高。"你想到了吗？

第

02

章

职场新人，
如何面对职场『第一次』

现在的就业市场上不存在绝对稳定的工作，也不存在绝对的公平，学会接纳才能融入。同事不是同学，老板不是老师，很多机会是要靠自己创造和把握的。

哪些问题不要问

作为职场新人，一定要管住自己的嘴，有四类问题坚决不要问，即公司禁止的问题、八卦问题、私人问题和涉及职场政治的问题。还有诸如福利、加班费等问题，最好不要问。

公司禁止的问题

公司禁止的问题其实非常明确，一般在入职通知或员工手册里面写得非常清楚。比如说，员工之间不能相互交换工资的信息、奖金的信息。但是，对于年轻的同事，尤其是大学刚刚毕业的职场新人来说，如果租房子租在一起，平时聊得比较随意，像以前大学里面一样无话不谈，他们就会问这方面的问题。这类问题，很多公司采取的是"睁一只眼，闭一只眼"的态度，如果不是特别严重，他们是不会去处理的。但是，公司一旦认真追究起来，后果还是很严重的。之前，我就遇到过这种情况。

八卦问题

这类问题通常出现在具有八卦精神的人身上。尤其是某些发挥了八卦精神的女孩子，她们参加工作之后和很多人熟悉起来了，就开始打听："谁和谁是不是有暧昧关系？""听说迈克和老婆离婚了？"……这类问题，可能"问者无心，听者有意"，问的人自己并不觉得什么，但是别人会说这个女孩子嘴很碎，不要跟她讲什么话，防止被传出去。这样一来，你就在无形中被别人贴上了"不靠谱"的标签。所以，我建议，八卦问题不要问。

私人问题

有的职场新人用对待同学的那种态度对待同事，自己觉得没有什么大不了的，结果问了一些七大姑八大姨常问的问题。比如，有男朋友了吗，有女朋友了吗，你老公是做什么工作的，家里房子多大面积，开什么车，打算什么时候生孩子，等等。这类问题其实会让被问者很尴尬，回答也不是，不回答也不是，只好支支吾吾，含糊其辞。这样一来，很可能会影响到双方正常的工作关系。所以，我建议，私人问题不要问。

涉及职场政治的问题

这类问题非常敏感，可偏偏有的人敏感度没那么高，他会把这类问题当作八卦消息。比如说，"迈克是不是王总带进来的？"这类问题一旦问出口，会让被问者非常尴尬，也会让提问者陷入被动。这样一来，很可能会让双方正常的工作关系出现裂痕，影响双方在工作中的配合。所以，我建议，职场政治问题不要问。

除去上述四类问题，还有一些问题虽然没有明确说不可以问，但我不建议问。比如，福利的问题、加班费的问题。有些新同事会问得非常仔细，像到了晚上6点之后下班是不是有加班费、晚餐费，晚上8点之后下班是不是可以打车、打车距离多少等。问这类问题无可厚非，因为这是每一个人的权利。但是，往往这种制度、政策在公司内网上都有，在员工手册上都可以找得到。当你问了这么详细的问题的时候，其实你是在传递一个信息，你对这类问题非常关心。不同的人对待这类问题看法不一定一样，如果你不幸碰到了抱有敌视态度的人，就可能会遇到不必要的麻烦。

我之前碰到一个例子。一个女孩子工作勤奋，绩效也不错，公司希望给她发展的机会，给她安排了一个新的职位。这个女孩子在接受职位之前问了很多关于福利细节方面的问题，而且她有一点点瞻前顾后。到后来，她的主管和部门经理都觉得很烦，说"算了，不要给她了"。最后，这个女孩子失去了一次很好的机会，而她自己可能要在很长时间以后才能意识到自己的失误。

工作以后，作为新员工，作为年轻人，我建议大家要考虑清楚：你真正需要的是什么，是真的需要那一点点福利，还是需要一个比较好的工作机会来展示你的能力，来长本事。

学会在工作中学习

对于职场新人来说，当你刚刚从事一个行业时，最有效的学习手段，就是在工作中学习，不断反思，不断总结，不断向别人讨教。这样，你会积累很多实际处理问题的方法。

有一次，我去公司加班，在回来的路上和一位同事就聊起来 Learning by Doing（从做中学）这件事。我的这位同事刚刚开始做 HR 工作，算是一个新人。他问我，刚刚从事这个行业，有没有什么比较系统的课程、书，或者有什么途径、资源可以学习。他和很多刚入行的新人一样，刚刚开始工作的时候，心里是发虚的。在这个过程中，有的人比较幸运一点，能遇到师傅带，有的人只能靠自己摸索。

于是，我就和他说起了"在工作中学习"这种最有效的学习方法。他说："我其实也一直在做，但是我还是觉得心里很虚，还是想在脑子里面有一幅完整的拼图，遇到了任何事情，我能够马上知道这是属于什么样的问题，应该找到什么样的解决办法。"

我的同事提出的这个问题很典型。他认为，做事应该就能学到很多东西，但事实上并不是这样。同样做一件事，有人可能学到很多，有人可能学到很少，差别在于是否是在真的学习。什么叫作学习呢？所谓学习，就是你做完这件事后要有相应的反思和总结。

比如说，今天有人找你解决一个问题，这个问题是你从来没有遇到过的，那你有两种解决途径。第一种，你赶快去问别人这件事应该怎么做，或者利用搜索引擎去查询，用各种各样的关键字把相关的这些知识、体系找出来，看看别人以前是怎么做的，然后你做一遍。做完之后，你再反思一下看看，这个和自己以前查到的是不是有相同之处。以这件事为起点，你能找到很多相关的知识、技巧。那么，你就可以对于这一类的事都有一个概念了，你就知道大概它是属于什么问题，用什么样的办法、什么样的工具，甚至用什么样的模型、什么样的理论来解决了。这种办法实际上就是你要在事前有所准备。

第二种就是事前没有准备，但是你凭自己的直觉、感觉就这么做了，做完之后也没有什么问题。这也是不少人处理问题的方式。而且，凭直觉做完了之后，接下来就赶快冲向下一件事了。如果你是用这样的方式来解决问题的，那我要说，其实你是学不到太多东西的，因为同样的事处理一百遍还是用一样的办法。

我给了我的同事一个建议：处理好一件事之后，要温故知新，做好总结和反思的工作。否则的话，就会不得不一头扎到事情堆里面去，就会每天忙得晕头转向。在工作中学习，要通过反思、总结来实现。

我的同事问能不能给他推荐一门课程或者一本书，一下子给他一个完整的体系、完整的概念。我说肯定有这样的书，或者课程。比如，有的大学专门开设了人力资源专业，但是，难道你要把所有的东西一下都学完再来做这件事？如果这样的话，那么，成本也太高了一点。而且，即使这样做，你也会很快发现，从这些大而全的渠道学习的内容往往已经非常滞后了，和实际工作差别很大。另外，你会发现，很多东西其实也没有完整的体系，通常是各有各的讲法，各有各的说法。盲目地去接受这些讲法、说法，有可能越看越糊涂。

所以，我的建议是，对于职场新人来说，你刚刚从事一个行业时，最有效的学习手段就是在工作中学习，不断反思，不断总结，不断向别人讨教。这样，你会积累很多实际处理问题的办法，而且慢慢地你也会有自己的理解。当某一天你看到了一本书，听到了一门课程或是一个理论，他讲的东西和你自己的理解不谋而合，你会有一种豁然开朗的感觉。这时，你会有一个突破。

我发现，很多人初入职场时，都是抱着一种积极的心态的，希望通过自己的努力融入团队，得到大家的认可。但是，一两年之后，你会看到：虽然当时起跑线是一样的，但是过了一段时间之后，有的人跑得快，有的人跑得慢。慢慢地，差距就拉开了。

什么样的人能够跑得更快更顺利呢？我观察了一下，发现跑得快的人通常具有以下四个特点。

第一，动作特别快。经理布置给他的任务，在问他进展之前，他能够主动和经理讲这件事情已经进展到什么程度了，或者说事情已经做完了。手快，是职场新人进入职场的第一大法宝。手快的人是很容易得到别人的喜欢和欣赏的。这就是我们常说的行动导向。

第二，能够为了结果付出一切努力。现在的年轻人想法确实挺多，但是能够脚踏实地地把一件事做好的能力，并不是每一个人都有的。

能在初入职场之时就做到这一点的职场新人是比较少的。因此，能够做到的很快就会脱颖而出。这就是我们常说的结果导向。

第三，有团队合作精神。我发现，有些新人有一个毛病，那就是在面对比他资历深的员工时，很客气，但当面对和他年龄、资历差不多的同事时，他的脾气就大起来了。这样一来，团队内部就很容易出现问题，更容易影响工作效率。而比起这些"看人下菜碟儿"的新人，有团队合作精神的新人更容易得到别人的肯定。

当然，有团队合作精神并不等于要去讨好所有人。否则的话，你很容易落到一种窘境里，那就是无数的人都把手上的活儿交给你去做，到最后你会忙得要死，而且你没办法满足所有人的要求。我身边就有很多这样的例子。

第四，好学。这里说的好学，并不是每天抱着一本书看，也不是每天到处和别人打听、去问，然后记笔记，而是善于观察、模仿，善于反思、总结，能够举一反三。

有一次，我发现，一个新人在用心地听身边的同事打电话。没过多久，我发现，他在和别人打电话的时候，讲话的语气、用词就非常像他身边的那个同事。这说明什么呢？说明这个新人是一个有心人，非常努力地在向别人学习。

除了这种"偷师"，你还可以拜师。从身边的人里面找一个你特别想要向他学的人，主动和你的老板去讲，说你想认一个师傅，想让他带带你。通常情况下，老板都会很支持。

关于拜师这个办法，我一直觉得自己挺幸运的，因为我在职业生涯早期遇到了一位好师傅。一个人在职业生涯的早期，大概参加工作五年的时间后，已经开始在头脑中慢慢形成了自己的认知，了解了什么样的领导风格是好的领导风格，什么样的人是特别想成为的人。如果你在这个阶段能够有幸遇到一两个领导，他们又特别符合你自己的那种期望，那我真的要恭喜你，你找到了一个 role model，榜样。

榜样的力量真的是无穷的。你在做事、言谈举止里，都会潜移默化地受到这个榜样的影响。很多时候，你会想，如果是这个人，他会怎么做。所以，有一个榜样，是一个人的幸运。如果没有，也不要灰心，你可以主动去留心看一下身边的哪些人可以成为你理想中的职业经理人或者职场人士的典范。

过好你的第一个职场 30 天

关注初入职场的前 30 天，原因主要有三：第一，
作为职场新人，有很多事情要学；第二，这段时间是打
下基础的关键阶段；第三，职场新人将在这段时间内留
下其在公司的第一印象。

为什么要关注初入职场的前 30 天呢？主要有三个原因。

第一，作为职场新人，到了一个新的环境，需要去做一些从没
做过的事，需要去和一些原来不认识的人打交道。在这个时间段，
你一定处在一条非常快速、非常陡峭的学习曲线上。

第二，在第一个月，周围的同事对你的容忍度一定是很高的，
因为他们知道你是新人，有很多东西都不懂，所以你问他问题，他
愿意回答。过了这段时间之后，你再去问，有的人恐怕就没有耐心了。
所以，对你来说，怎么能够把前面这段时间充分得用好，打下一个
很好的基础，是非常关键的。

第三，职场新人将在这段时间内留下其在公司的第一印象。众
所周知，第一印象很重要。那么，参加工作之后，你会在哪些人面
前留下第一印象呢？答案是以你为中心的三个圈子。第一个圈子是

你所在团队的同事和老板；第二个圈子是坐在你周围但不是一个团队的同事；第三个圈子可能坐在楼上、楼下，平时也难得见一面，往往是茶水间、楼梯间里面的点头之交。在参加工作的第一个月内，基本上你会有机会见到这三个圈子里面的大部分人。你会给他们留下第一印象，尤其是第三个圈子。第一印象很重要，你留下第一印象之后再去改，可能就要花功夫了。

谈完了关注职场前 30 天的原因，下面我们就按照时间顺序，从入职第一天开始说起。

职场新人的第一天

第一天到办公室，需要做的第一件事就是去人力资源部签劳动合同。关于劳动合同，有几个需要特别注意的事项。当然，大部分公司都很正规，只有极少数公司会在合同上设置"陷阱"。

首先，打开劳动合同，看一下有没有空白的地方，尤其是在一些关键信息上，比如说工资。如果合同上这项没有填写，你又签过字了，把这个合同交上去之后，你领到第一个月工资发现不对，再拿这个合同去理论，合同就没有本应该发挥的效力了。因为你已经签过字，这个合同已经生效了。

其次，看看试用期的长度。关于试用期的长度，我国的《劳动法》规定得很具体。如果劳动合同是一年以内的，比如说三个月到一年，那么试用期不能超过一个月；如果是一年到三年的，那么试用期不能超过两个月；如果是三年以上的，那么试用期不能超过六个月。至于薪资福利，像"五险一金"等，按照相关规定，在试用期也必须缴纳。具体到工资，有的公司可能会有一个折扣，但折扣打完，工资也不能低于本单位相同岗位最低工资的 80%，并且不低于用人单位所在地的最低工资标准。

第二件事，你会到 IT 部门、行政部去领电脑及其他办公用品。领到这些物品之后，你终于感觉自己是个职场人士了。当然，很多朋友在大学里面就有了笔记本电脑，也会自己动手装软件，但在公司的电脑上，不要装公司不允许的软件！有些跨国公司还会为员工提供一个 VPN 卡，你会发现突然间你可以"翻墙"了，但千万不要去访问那些禁止访问的网站，因为所有的操作都会被记录下来，保存几年！

除了上述两件事之外，还有一个小提醒。职场新人最好在第一天上班之前咨询一下 HR，公司的着装要求是什么，因为有些公司对于着装有具体要求。

完成了报到的必要手续之后，老板一般都会带你认识一下同事，而对你来说，一定需要做的一件事，就是介绍自己。之前，我看到新人们有的害羞，有的紧张，有的没有准备，第一次露面，表现得都很一般。对此，我的建议是，在上班之前先去准备一个简单、清楚的自我介绍。这个自我介绍，你可以在家里面稍微练一练，提前做一点准备只有好处没有坏处。

第一天，可能你在兴奋中就度过了。接下来，马上迎接你的就是新员工培训，建议你给自己假设问题——"新员工培训中你学到了什么"。下面的场景我曾经看到过很多次：新员工参加完培训之后回到办公室，他的老板会很自然地问："这个培训怎么样呀？有什么收获没有？"员工如果没有准备的话，一般都是平淡的一句，还行。但如果准备了，就可能带给老板一个惊喜。特别是你讲出你的观察、你的收获，甚至提出一些建议，比如某些内容上可以再增加一点，或者在操作的办法上可以再改变一下，这会让你的老板对你刮目相看，觉得你是一个很爱思考的人。

和在学校里不同，参加工作之后，你的心态其实会发生很大的变化。要意识到一点：你时刻在被别人观察着，在被别人判断着。所以，不要过得那么舒服，那么放松，要时刻让自己的弦紧绷着，要不断思考，不断反思。

职场新人的第一周

新人入职第一周，老板通常会搞一次团队聚餐，欢迎新人。你可以做的，是主动把这个活儿接过来。如果你能够主动接这个活儿，大家对你会刮目相看。可能有的朋友会说："这个活儿为什么要我干，为什么我要这么积极主动、死皮赖脸地去接这种活儿呢？"我可以告诉你，第一次你不主动去做这件事，是没有问题的，但是后面的团队活动，老板可能还是会安排你去做，你是逃不掉的。大家都经历过这个阶段，与其这样不如稍微主动一点。而且，你第一次组织活动，大家要求不会很高，很多人会给你一些帮助和建议。

新人入职第一周，有些公司会为新人安排一个伙伴，叫作buddy，也有叫师傅的。因为工作里面会有很多具体的事情，比如说打印材料、请假、出差、订票、开会，等等，老板平时又很忙，没办法手把手地一样一样教。那对他来说，最简单的就是在团队里面找一个人安排给新人作为buddy或者师傅，时间不会很久，比如一个月。在这一个月里面，你有任何事，都主动找师傅问一下。一般说来，这个充当师傅的人通常绩效不错，态度积极，愿意助人。

对于新人来说，接下来就要去管理和这位师傅之间的关系了，平时多找机会，多吃吃饭，聊聊天，不仅仅谈谈工作，还可以谈谈非工作的一些兴趣爱好，但是注意不要谈太多的隐私。

职场新人的第一个 30 天

关于职场新人的第一个 30 天，主要可以从三个方面来谈：生活，工作，以及和人打交道。

先来说生活。

要养成早睡早起的习惯。以前做学生，时间很灵活，很多人都睡得很晚，当然起得也很晚。但是，当把这个习惯带到工作里面之后，你就会发现，一天下来，整个人都没有精神，很疲劳。因此，养成早睡早起的习惯还是非常必要的。

要养成吃早饭的习惯。我看到过太多的人不吃早饭，结果健康很受影响。另外，你还可以尝试自己做饭，总叫外卖不健康。

再来说工作方面的几个小细节。

随身携带你的工卡。很多公司的工卡不仅仅是每天早上去刷一下，表示你已签到，还是办公室的钥匙。我经常看到，公司的新员工被关在门外面，然后敲玻璃门很尴尬。你要是每隔两天就来这么一次，大家就会不自觉地认为你比较粗心。所以，还是习惯随身带工卡吧。

用最快的速度学会预订会议室，使用传真和复印机，熟悉邮件系统的各种功能。

经常整理工位。随着工作的展开，慢慢地，你桌面上的东西也开始多起来了，除了工作的必需品，还会有小玩具、小木偶等。与此同时，桌子下面的东西也多起来了。建议你经常清理办公室的桌面，脚下面不要堆放太多的东西，否则会给别人留下邋遢、不整洁的印象。

做好收集和整理资料工作。在此，推荐大家用印象笔记或有道云笔记，因为在快速学习期，你有太多的东西需要记，需要把它们存储下来。收集资料和整理资料本身就是一个特别好的工作习惯。

养成反思、回顾的习惯。

然后，谈谈和人打交道的技巧。

前面曾经提到，老板会把你介绍给其他部门的同事。介绍一大堆人，很难一下子都记住，但是你可以记他的位置，然后利用其他时间，比如午饭之后，在办公室里逛一下，看看位置上挂的名牌，以便以后和相关同事进行交流。毕竟，即便是每天早上见面的点头之交，你能够叫出他的名字，对他来说都是一个很大的惊喜。有心的人当然会注意这一点。

学会和别人目光交流。我发现，有一些年轻的职场人走路的时候看着地，并不看前面。这是不正常的。正常的表现应该是两个人擦肩而过的时候，很自然地看着对方的目光。如果认识，叫出对方的名字，点个头，打个招呼。这能够在无形中帮你建立起很好的人脉圈。有可能在下一次会议，你就会看到某个你一直经常会碰到并常打招呼的人。这样一来，两个人就很容易打交道，很容易建立起比较好的合作关系。

当然，在人际关系上面，最重要的一个人就是你的老板。你可以给自己设一个目标，比如每周和老板吃一顿午饭，或者每两周和他吃一顿午饭。有人会头疼，和老板吃饭聊什么。聊什么呢？除了聊点工作以内的，还可以聊点工作以外的话题。和老板的关系是在踏入职场的第一天就要学会去管理的，这个技能掌握得越早，你越能够舒服、放松地面对你的上司，跟他去讨论问题，甚至是争论一些问题，从而在以后未来的职业生涯里面，打下很好的基础。这是一种非常难得的能力。

最后，我还有一些整体上的建议给初入职场的新人们。这些建议主要包括以下几个方面：

第一，要尽早地忘记自己的学历。不管你是硕士，还是博士，不管你毕业于一所多么有名的学校，一定要尽快忘掉。因为别人对这一点并不关心。

第二，要迅速转变心态。从学生的角色转换成职场人的角色，对于职场新人来说，确实具有一定的难度。相比而言，学生更多的是有一种平等的心态。在学校里面，老师、同学都是非常自由的，没有特别多的利益冲突或者利益牵绊。而在企业里面，等级是非常明确的。即便是一些欧美企业，他们不把领导称为张总、王总，而是称为迈克、杰克,这些看起来比较平等的英文名，也仍然不能掩盖事实上的等级。

职场人更习惯接受别人对他的判断。之前，我们提到过，企业招人的时候比较喜欢录用成熟度高的人，成熟高的一个表现就是能够比较开放地接受别人对自己的判断。比如，当你做的事，自己觉得不错，但是别人说不好时，你的第一反应可能会抵触，可能要去辩解；但当你抱着"有则改之，无则加勉"的态度时，也许过了一段时间之后，你再回顾，可能会觉得他说的还是有一定道理的。这就需要你慢慢来适应。

处理好你的第一次离职

当决定要离职时，你一定要注意处理好用什么样的方式，和谁去谈离职等问题。因为一旦处理不好，就会留下不少隐患，甚至影响到个人品牌的建立和自己今后的发展。

如今，对于大部分人来说，很难一辈子都在同一家公司工作。很多人都会遇到这样的情景：某一天，当自己选择离开目前服务的这家公司，离开这个团队，离开那些自己熟悉的人时，该用什么样的方式离开。我觉得，这里面是很有学问的，也是有讲究的。因为我看到了很多人在这件事上处理得非常好，但是也看到了很多人处理得非常不好，以至于留下了不少的隐患。所以，对于职场新人来说，处理好自己的第一次离职也是非常重要的。

某一天，当你下定决心要离开这家公司时，可能你的下一份工作已经找好了，用什么样的方式，和谁去谈离职这件事，用高调还是低调的方式，如果老板挽留怎么办，等等，都是摆在你面前需要你去一个一个解决的问题。

先来说一下用什么方式来谈离职。有的人会直接口头上说；有的人会发邮件给自己的直接上司，然后抄送人力资源部；有的人会选择和主管老总谈；也有的人会选择打电话谈。对此，我的建议是，首先一定要和自己的直接上司、直接主管去谈，不要先和别人谈。

为什么呢？因为从管理的角度来看，对你的管理职责是由你的直接上司来实施的，所以你需要和他先谈。从人情的角度来讲，如果你的直接上司不是第一个知道的，而是从别人嘴里听到的，他可能会觉得很难受，觉得不舒服，甚至有的直接上司可能会因为你没有提前告知他而变得很愤怒。毕竟，你虽然提出来离职了，但还是要在这家公司工作一段时间的，没有必要为了这么一点小事造成不愉快。

除此之外，你还要确保，你第一次和他谈的时候，其他人都不知道。

其次要选择合适的方式。很多人选择用口头的方式，但是一定不要忘了，离职是一种很正式的行为，你需要有一个正规的文档来说明，比如说发邮件。发邮件发给自己的主管，然后抄送人力资源部说我要离职了，是哪一天提出的。邮件是有日期记录的，这样你可以以此作为计算最终离职日期的证据。大部分公司会有离职申请的模板，你可以把它找到，打印出来，然后写上姓名、日期、个人信息，等等，这也是一个证据。因为这涉及怎么去计算你的离职日期，计算你的假期。

那么，什么是正规的方式呢？所谓正规的方式，就是通过邮件或者书面的方式提出离职申请。退一万步讲，如果双方发生纠纷，法庭上最接受的就是手写的、书面的离职申请。说到离职申请，很多公司都叫离职申请，其实离职是不需要申请的，只是一个通知而已。在一些特殊情况里面，比如有人和公司之间发生了纠纷，正规的离职申请会对离职者产生有利的影响。这是因为，双方的纠纷经常来自于最后工作日期的计算，以及计算工作日期所产生的假期、假期补助等的标准不一致、不明确。而法庭上最接受的就是手写的、书面的离职申请，最后工作日期一目了然。所以，我建议你采用正规的方式。

再来说一下，离开公司之前，你一定要做的几件事。

第一件，做好一份非常明确的工作交接清单。你已经和你的主管谈过了，确定了一定要走，也确定了最后的工作日期之后，接下来你一定要做的，就是工作交接清单。你要确保自己有一份非常明确的工作交接清单。这份清单的内容包括你现在手里的工作有哪些，它的状态是什么，进度是什么，接下来你转交给谁。关于转交的问题，可以和你的老板坐下来确定好，然后每转交给一个人之后就请接收的同事签字。这样，在你离开的时候，就会有一个目录，一个清单，确保接手你工作的人都签过字。到了最后一天，你才能说，我所有的工作都已经交接清楚了。

第二件，检查自己各方面的手续，特别是财务方面的手续。比如，可能有一些该报销的费用没有报，有一些付款没有付完，也有可能某个流程没有走完。防止出现一种情况，就是你已经离开公司了，还会由于财务方面的问题，或者是公司找你，或者你要去找公司而造成麻烦。

第三件，弄清自己的休假是怎么计算的。问清楚休假的计算标准也是非常重要的。通常情况下，一家正规的公司在休假方面都会有明确的规定。关于这一点，你可以自行在公司官网上查找，或者咨询人力资源部的同事，并请他帮忙算清楚。

第四件，维持好自己目前的关系网。离职前怎么处理好你和同事的关系，是一门学问。不能因为跟有些同事原来关系一般，或者发生过一些冲突，就借此机会大肆说对方的坏话。我觉得这是非常没有必要的，原来怎么做，现在还怎么做就好。

有一个很有趣的现象，每次有人离职，总有人借这个机会来向离职者挖一些隐秘的消息。因为大部分人会觉得，既然你要走了，你原来不想说的话、不敢说的话，现在都可以说了。对此，我的建议是，原来怎么说，现在还怎么说；原来什么不能说，现在还是什么不能说。

在处理与同事关系的过程中，不可避免地会涉及离职的问题。这时，你需要特别留意两个方面的问题：一是提及离职的态度是高调还是低调，二是离职前后的口径是否统一。

先来看第一个。如果你在和老板提出离职之后，觉得一个重担放下来了，心情变得很愉快，就跟公司里边的很多人说这件事，到了第二天所有人都知道你要离职了，这就是高调。低调就是只和需要的人讲，和相关的人讲。对此，我建议你选择低调处理，以免引起不必要的麻烦。

再来看第二个。关于口径统一的问题，涉及你用什么样的态度去评价你的工作、你的团队、你的公司。有的人会选择开始发牢骚，抱怨。这也可以，这是每个人的选择。对此，我建议你考虑一下说不同的话后果是什么。如果你觉得这个后果你可以承担，就可以去做。

第五件，弄清楚"五险一金"如何计算、缴纳和转移。明白了这些，你就可以避免断保带来的各种消极影响。

当你办完上述所有的事，和所有的同事吃过饭、告过别、发过邮件了，到了最后一天离开公司的时候请你微笑着离开，和每个人平和地打招呼、告别，留下个人的联系方式，然后去人力资源部拿最后的文档。这个文档是一个叫作离职证明的东西。如果对此不太清楚，可以去各地的人力资源保障局网站查询。拿了离职证明，你才能进入下一家公司，开始自己的下一份工作。离职证明代表着你和前一家公司所有的劳动关系已经结束了。

人在职场就像大侠们在江湖上行走一样，总是要守护着一样东西的。身为职场人，你需要守护的是什么呢？在我看来，就是职场人的个人品牌。你的品牌是你需要花全身心的功夫去擦亮的，你的品牌从你加入职场那一天起就开始打造，你需要保证它是一个金字招牌，而且闪闪发亮。所以，当你决定离开一家公司的时候，你需要的是和你身边的同事保持正常的工作关系，继续用以前的工作方式去处理手里的任务，不要发脾气、耍情绪，或者是故意留下一些不好的记录。这对于一个人的职业生涯是非常有害的。

而且，随着工作时间越来越长，你工作的圈子会越来越大，会和身边无数的人产生交集，而这个世界上是不存在秘密的。所以，你可以做错事，但不可以做坏事。这是因为，做错事只是能力不够，做坏事却是态度不对。

第

03

章

管理好老板，
让他成为你的贵人

在一个人的职业生涯里，老板扮演着一个非常重要的角色。管理老板，处理好与他的关系是关键。主动获得老板的信任，掌握与老板沟通的主动权，都是管理好老板的重要步骤。当然，要真正让老板成为你的贵人，还要妥善地处理好被老板冤枉、直面老板的怒火等问题。

管理老板，处理好与他的关系是关键

在一个人的职业生涯里，老板扮演着一个非常重要的角色。管理好老板，关键在于处理好与他的关系。是什么因素决定了老板与员工之间的关系呢？是老板对员工的判断。

如果你把过去的职业生涯画一条曲线，满意的时候是波峰，不满意的时候是波谷，这条曲线的最高点和最低点背后都一定和一个特殊的角色有关系。这个人就是老板。很多人职业生涯里的顺境和逆境，都和老板有关系，所以，才会产生那句非常有名的话，叫作join a company, leave a manager（加入一个公司，离开一个经理）。无数人都在用自己的亲身经历不断验证着这句话。

在我们的职业生涯里，老板扮演了一个非常重要的角色。虽然在很多管理学的教材中，谈到管理自己的老板，涉及管理老板的期望，管理老板的情绪，管理和老板的沟通，等等，但在我看来，所有的一切都是建立在"老板和我的关系"这个基础之上的。上级和下级之间的关系如何，会直接影响到上级怎么去看待下级，以及下级怎么看待上级。

　　总的来说，如果一个人刚刚加入公司，老板一般对他还是比较满意的，所以这个时候往往是客客气气的。随着双方相互间的了解不断深入，他们就开始发现对方有各种各样的小毛病，再往后这种偶尔的斜风细雨可能会变成暴风骤雨，当然也可能进化到一个比较健康的状态。那么，我们该怎样去管理自己和老板的关系呢？要回答这个问题，就要先了解决定自己和老板关系的因素。

　　什么因素决定了员工和老板的关系呢？我认为是老板对员工的判断。通常情况下，一个老板对自己的下属，不管有多少人，都会贴一些简单的标签。比如说，他会以好不好用来作为评判标准。一番评判之后，他会说这个人好用，这个人不好用，这个人不能用。类似的标签还有很多，各种各样，不一而足。

　　据我的观察，大部分老板的判断基于三个角度：第一，能力强不强；第二，态度好不好；第三，忠诚度高不高。也就是说，老板对于下属的判断，主要看三个方面：能力、态度和忠诚度。（关于这三个维度，将会在本章稍后的内容中展开讲述。）沿着这个逻辑，我们再往前推进，老板是如何得出这个判断结论的呢？很简单，每天在一起工作，一起谈话，一起开会，判断来自于他对你的观察。

　　每个职场人都希望展示给老板最好的一面，但是问题在于，很多人并不知道要展示什么样的行为才符合老板的期望。我可能展示了老板想要的行为，但这对我来说又特别难受。所以，对于下属来说，要找到一个平衡点。管理自己的老板，是一个很复杂的问题，涉及心法和技法。托尔斯泰讲过，幸福的家庭都是相似的，不幸的家庭各有各的不幸。和自己的老板相处也一样，相处得成功的都有自己的成功之道，相处得不成功的都有各种各样的问题。所以，很难用一个简单的办法像万金油一样地解决所有问题。管理老板取决于每个人自己的判断和分析。这件事不太容易做到，但需要去做。

平衡和老板的"情"与"利"

员工特别在乎工作带来的利益，就非常容易因为他人提供了一个工资更高的工作机会而跳槽；特别在乎与老板之间的情义，又可能会阻碍自己再上一个台阶。所以，平衡和老板之间的"情"与"利"就显得特别重要。

太极图特别适合用来描述上级和下级之间的关系：一半是情义，一半是利益。我们拿着它按图索骥，在职场中能找到三类人。

第一类，特别在乎工作带来的利益，比如薪水，比如地位。

对于这类人来说，如果外边有一个很好的工作机会，他可能立马就跳槽了。尤其是在一些劳动密集型的工作岗位上，这种情况特别普遍。

我之前服务过的一家公司在苏州开发区有一家工厂。当时工厂的人事经理就说厂里的工人跳槽比较普遍，也比较着急。我一问原因，这位经理告诉我，工人跳槽往往就是因为隔壁的工厂多加了一百块钱，或者加班费给得比较多。之前，我们还在厂里搞过一些小活动，比如一些小型员工沟通会，或者给员工提供一些其他福利，把相关方面能做的也尝试着做一下，但是后来发现无论做什么，都没办法挽留那些为了一百块钱就要跳槽的人的心。

反过来说，工作的目的不就是赚钱、养家糊口？所以工人想要跳槽本身无可厚非。现实生活中确实存在着一些像上述例子中的这样的跳槽者。他们确实是比较看重利益的。我把这类人叫作养家糊口型。他们中的大部分都属于实用主义者，或者功利主义者。我发现，他们的抗压能力比较强，因为他们在乎的是利益。他们不会在意老板是什么样的人，只要能够拿到自己想要的东西，就可以坚持下来，除非老板赶他们走。

第二类，特别关注情义。

有的朋友曾经问我："我和我现在的老板关系非常好，和团队也很融洽，但是外边有一个工作机会。工作很好，我不知道到底是不是要走，我离开了觉得对不起老板，对不起团队。"这叫什么？这叫有情有义，他担心的是他如果离开了会不会被别人说见利忘义。

"见利忘义"这四个字，我觉得对于像朋友这类理想主义者是很有害处的。因为可能他忽略了工作本身还存在着另外一块大饼，即他有利益的那一部分。我们无法预判，即使现在的工作团队非常稳定，老板非常好，非常靠谱，但是谁也没办法保证过了今天晚上这个团队还在，不会有人离职，老板不会被调走。所以，我们在职场之路上永远关注的眼睛，要看着自己的这条路。如果觉得自己需要迈上一个台阶了，那就去迈这个台阶。至于情义要不要？当然要了，但是表现的方式可能会有不同。

比如说，你可以在离职的时候，把工作做得漂漂亮亮的，交接做得稳稳当当的，甚至你可以推荐一个特别适合来接你班的朋友或者其他同事。保证工作是顺利过渡的，这已经做得仁至义尽了。情义不仅仅表现在个人的情感连接上面，还表现在下级对于上级的一种认可，或者是一种认同，认同上级的那个目标，以及目标的类型。

对于情义的追求，表现得最极端的，就是在创业公司。有的人加入一家公司，就是要跟着老板干，老板去哪儿，他去哪儿，甚至降薪、不拿钱也要跟着做。为什么？因为在乎的是这份情义，认同的是老板的目标或者认同老板这个人。职场上有两种极端，一种是理想主义者，一种是功利主义者，无所谓对错，各有各的选择。

第三类，能够平衡利益和情义。

这样的人比较理智，他们既能够考虑到工作本身带来的利益，又能够考虑到情感连接，不会因为感情冲动，和自己的老板关系很好，坚决不走；也不会因为老板说了两句，"玻璃心"突然间破碎了，立马第二天写辞职信说不伺候你了，就忘记了工作带给他的另外一部分利益。

我觉得，很多事情说起来都知道，但是做起来往往又会把它忘掉。比如说，工作本来就是为了赚钱养家糊口的。好多人之所以不离开，就是因为非常在乎和关注情感连接的部分。我把这类人也叫作感性主义者。我特别想提醒感性主义者：虽然工作中有很多温馨时刻，人和人之间也确实存在着很多的情感连接，但是，究其本质，工作本身就是劳动者出卖劳动力、换取回报的过程。

当你和老板关系出现危机或问题的时候，我的建议就是大家多想一想这个既包含利益又包含情义的太极图。如果情义的部分不在，就去看看利益的部分在不在；如果公司能够给到你想要的利益，那坚持一下是不是可以呢？另外，面对着一个与自己没有情感连接的老板，何尝不是一种修炼呢？

主动获得老板的信任

> 到底怎样做才能和老板建立起良性、健康、忠诚度
> 高的关系呢？我们可以通过以下几种方法来尝试：第一，
> 说到做到；第二，勇于承担责任；第三，找关键人物背
> 书；第四，成为专业人士；第五，做好自我展示。

我们之前提到过，管理老板的关键在于管理和他的关系。那么
问题来了，这个关系该怎样进行管理，又受什么因素影响呢？我认
为，一个重要的因素就是老板的判断。以前在和一些团队管理者聊
天的时候，我会请他们对团队里的成员简单地总结一下、描述一下。
而且，很多管理者往往习惯于对下属贴标签。管理者们是怎么得到
这个标签的呢？根据我的观察，他们主要从三个方面判断，即能力、
态度和忠诚度。关于这一点，我们在本章前面的内容有所提及。下
面我就来展开阐述一下。

一般情况下，上述三个方面，有两个方面管理者会明确地讲出来，
即能力和态度。所谓能力，就是员工能不能干。所谓态度，就是员
工的工作意愿强不强，愿不愿意干。企业界有一个非常有名的课程，
叫作情境领导力，它的原理就和员工的能力、态度密切相关。简单

来说，就是从员工的能力强不强、态度强不强出发，继而组合成四种情境，管理者要根据情境的不同采用不同的管理方法，以确保员工的绩效合格有效。

但是，在实际场景下，除了能力和态度之外，还有忠诚度。通常情况下，这是管理者不愿意明确提出来的。对于很多管理者来说，他同样也会不可避免地考虑这些问题："这个人是不是我的人？他是不是我们圈内的？是内圈还是外圈？"

观察一个人，对一个人下结论，既要观其言也要察其行。我曾在一次培训课程里问过参加培训的经理们一个问题："各位，你们谁觉得自己能够做到真正的一碗水端平，对待每一个下属都很公平，请举一下手。"结果，20多位团队管理者，你看看我，我看看你，没有人举手。原因是什么呢？每个人都很清楚，想要做到真正的公平，几乎是不可能的。往往我们要去做一些选择时，必须要做一些牺牲和妥协。当上级分配工作的时候，当上级分配奖励和资源的时候，上级对于下属的判断时刻在发挥着作用，影响着上级的决定。

能力（Competency，简称C）、态度（Attitude，简称A）、忠诚度（Loyalty，简称L）这三个部分组合成了一张比萨饼（LCA）。由于所处阶段、职级、企业类型的差别，每个老板对这三部分的要求比例可能不同，但哪一块都少不了。

我经常听到一些小企业的老板说，我们用人，不是用能人为先，而是用自己的人为先。所以，在他们的脑海里，L的比例一定是比较大的。至于C和A，要求就没有那么高。当然，要求不高不等于没有要求。而对于一些大企业或成熟企业来说，光用自己的人是不够的，还是一定要用C和A都好的人，这个比例也会不同。

如果把企业的组织结构看作金字塔，越往上，L 的比重就越大；越往下，L 的比重就越小。如果下沉到一线，比如说对于一位生产线上的操作工或者是一线销售人员来说，L 的关系就不是很大了。因为只要你把你的活儿干完，把目标达成，就可以了。但是，当这条线往上走的时候，人员所在的岗位掌握的资源和权力越来越大，L 就变得越发重要了。

以上是我们从管理者或者老板的角度来看 LCA 这个模型的。当我们从员工的角度看 LCA 模型的时候，问题就来了。对于很多人来说，C 和 A 比较简单，能力就是工作技能，提升能力并不是一件难事。而且，态度表现得主动、积极一点也并不难。问题难就难在忠诚度上。

到底怎样做才能和老板建立起良性、健康、忠诚度高的关系呢？是不是老板要我做什么我就做什么？他要我朝东，我就义无反顾地朝东；他要我朝西，我就义无反顾地朝西？是不是我要代表老板去监听某个人，然后把这个人所说的话原原本本、一字不落地向老板汇报？是不是我听到什么风吹草动就跑回来跟老板汇报，这才叫忠诚？现实中，确实有一些人是通过上述方式来获得老板对他的认可的，但这并不是与老板建立起忠诚度高的关系的正确途径。

LCA 模式里的 L，忠诚度这个词，是从老板的角度来谈的。老板需要的是一种忠诚度，但是实际上我们还可以用一个更加恰当的词来替代它，这个词就是信任。

我有的时候会向一些做 HR 的同事、朋友或者猎头推荐一些候选人，或者给别人牵线搭桥，往往对方会问："这个人靠不靠谱？"和一些外国人打交道的时候，当我说出来一个词，他们也会比较放心，这个词就是 reliable。我觉得靠谱的最佳翻译就是 reliable。如果往深层想一下的话，其实它说出的意思是这个人是不是值得被信任，所以信任是一个底层的要素。信任如此重要，以至于在很多企业的领导力发展高管培训里，都有一个专门的主题来研究。

我看到过不少关于信任的定义，有人甚至给出了信任的公式。下面是我自己比较认可的说法。所谓信任，就是指"当你受到可能的伤害的时候，你还能保持一个比较积极的心态"。举个例子。一天，你不小心在办公室里听到了老张在别人面前曾经说过什么貌似对你不利的话，但是因为你信任老张，所以你相信他不会去做这种事。信任其实是一种稀缺资源，不是那么容易做到的。

虽然建立起信任很难，但我们还是可以通过一些方法来尝试做到的。

第一，说到做到。

其实，做到这点并不难。你说今天我会发报告出来，那你到时候就发。这就是说到做到。有时候，早会的时间比较早，为了不迟到，你提前两个小时就从家里出来了。这也是说到做到。当别人长期观察了你的行为之后，发现你一直说到做到，那么，你在他眼中就变成一个值得信赖的人了。

第二，勇于承担责任。

也就是说，当你犯了错误的时候，你要去承认它，面对它，不管这个错误是工作中的，还是生活中的。诚实地面对自己的错误，勇于承担责任，是个人诚信的一个重要组成部分。如果你的同事或领导不小心偶然听说了你这种非常有诚信的行为，就会对你产生比较强烈的信任感。

第三，找关键人物背书。

俗语说，一把钥匙开一把锁。如果你这把"钥匙"一直打不开对方的那把"锁"，该怎么办呢？很简单，去找一把能够打开这把"锁"的"钥匙"，你和这把"钥匙"建立连接就行了。比如，做生意要找一些人做资源对接，如果这个人不认识你，人家凭什么相信你呢？解决办法就是找第三方做中介人，因为双方对于这个人都有信任关系，交易就比较容易达成。

第四，成为专业人士。

我们在很多场景下会不由自主地相信一个陌生人。比如说，你去医院看牙，坐到牙医面前的凳子上面，一个陌生人拿一个小锤子在你的嘴里叮叮当当地敲，你为什么不害怕、不担心呢？因为人家是专门做这个工作的。我们在工作里边，有的时候接触一些顾问，你也会不由自主地去相信他，同样是这个道理。

第五，做好自我展示。

很多家里养猫的朋友经常看到，他的猫在他的面前，四爪朝天、肚皮朝上，懒洋洋地躺在那里。为什么？因为它信任你！众所周知，猫是一种警觉性非常高的动物，哪怕跟它还离得很远，它都会目光警惕地盯着你。但是，猫对于自己的主人是非常信任的，信任的表现就是，它会把自己最柔软、最需要保护的那个部位——肚皮亮出来。

当新的管理者加入一个团队时，我们一般会采取一种方式去帮助这位新高管快速融入团队，快速和团队成员之间建立起信任关系，那就是鼓励这位高管去做"自我曝光"。如果他总讲那些"高大上"的、自己过去成功的经历，那不是自我展示，而是自我炫耀。他要讲的是什么？更多的是讲一讲他真实的体验、真实的经历，甚至讲一些自己不得志的、失败的经验，是怎么从失败的阴影中走出来的，自己有什么收获，等等。往往讲这种东西的时候，是容易获得别人的信任的。

一个人的行为是由他的技法和心法两个层面的东西共同决定的。上面谈到的建立信任的种种方法实际上都是技法，你可以去学习和模仿这些行为，但是如果内心深处不是真心实意的，也很难取得应有的效果。

掌握与老板沟通的主动权

改变老板的判断，关键点在于掌握与老板沟通的主动权，你要去主动找老板，哪怕简单地谈几句都可以。要掌握与老板沟通的主动权，你需要把握好几个关键的时间点，即上午开始上班时、午饭时间和下班之前。

不少人都有这样一种心态：老板最好离我远点儿，最好别来管我。反正这个活儿你已经安排好了，我就安安静静地干，不要突然间跑到我这儿来安排个活儿，不要跑到这儿来突然问我一下进度。但是，我们必须明白：很多时候你不去找老板，老板就会过来找你。老板正是通过这些和你沟通的细节来对你进行判断的。要改变老板的判断，关键在于掌握与老板沟通的主动权。

要掌握与老板沟通的主动权，你需要把握好几个关键的时间点，即上午开始上班时、午饭时间和下班之前。

上午开始上班时

刚到办公室，老板可能也在忙，过去和老板打个招呼："老板，早啊，今天一天大概有什么事情，有××进度需要向您汇报一下。"

这样的做法简单快捷，不仅让老板了解到相关项目的进度，还展示了自己主动工作的能力。

午饭时间

我看到不少人在吃午饭时，最喜欢一个人单独吃饭，边看手机边吃饭。在他们看来，这是一种放松，是一种享受。没错，但你也可以尝试着主动约老板吃饭。

老板通常会比较忙，时间安排得比较紧凑，可能你一去约他，老板会说："不好意思，今天已经有约了。"那没关系。你可以尝试这种说法："那咱们明天约怎么样？"总有一天，老板会有时间坐下来和你聊。

那么，该和老板聊些什么呢？吃饭的环境是一个非正式的环境，人比较放松，可以聊点工作以外的事，可以聊一聊心里话，而这就对应到了我们之前提到的怎么样和老板之间建立起信任的关系。在特别严肃的、特别正式的环境下，信任关系不是那么容易建立起来的，但是如果你选一些非正式的环境或者非正式场合，信任关系建立起来相对来说就比较容易，话题也比较好展开。

所以，午饭时间是一个关键时间点，不要因为我们自己的惰性，觉得和老板在一起不太舒服，有压力，不放松，不自在，就离他远一点，那样就失去了一个管理他的好机会。

下班之前

下班之前也是一个关键的时间点。下班时间一到，你看到老板还在忙，那么你该怎么办，是走还是不走？对此，有的人选择拎起自己的包，悄悄地安静离开。老板有事过来找他时，发现这个人已经下班。悄悄地下班当然没什么问题，但我建议大家也可以尝试下面的做法。

主动跑到老板那边去，简单地说一下今天工作的汇总情况，告诉他进度是什么样的，同时问一下老板还有什么事。如果没事的话，自己就下班了。离开之前，你也可以顺便跟老板说一下保重身体，早点回家，明天见之类暖心的话。

不过，不同的老板常会有不同的沟通偏好。了解老板的沟通偏好，有助于提高你们的沟通质量。

了解老板的沟通偏好主要可以从两个角度入手，一是沟通方式的偏好，二是沟通内容的偏好。

先来看沟通方式的偏好。有的老板喜欢用书面的方式；有的老板喜欢口头表达；有的老板喜欢在正式场合，比如说每次跟你沟通一定要约一个会议室，正儿八经地坐下来聊；也有的老板喜欢比较放松的、非正式的场合。千人千面，时间久了之后，你就会熟悉他的风格。

再来看沟通内容的偏好。对于沟通内容的偏好，不同的人有自己特定的获取信息的习惯。有的人习惯先看宏观，再看细节，那么，你就可以先说一个宏观的计划，整个的时间段，每个关键的时间里程碑，之后再说细节，再说五个 W（Why/What/Who/Where/When），两个 H（How much/How to measure the success）；但也有的人习惯先看细节，再看宏观。无论用什么样的方式，讲什么样的内容，了解你的老板，掌握他的沟通偏好，就能让沟通更有效。

与老板之间的关系发生质变的两个有效工具

改善与老板之间的关系的方法、工具有很多,左手栏和洞察笔记是其中两个行之有效的工具。左手栏可以帮助我们把思路梳理清楚,避开情绪的影响,用更理性的方式来分析。

左手栏

左手栏来自于《第五项修炼》这本书,它不仅自身大名鼎鼎,还有很多演进方式,其中包括近来比较流行的"力场分析"。今天,我们就用"左手栏"这个工具来分析"和老板的关系"。下面我们以一个特殊情况为例。比如说,我特别不喜欢我的老板,我和我的老板在一起压力特别大,这种情绪背后一定有原因。我们来用左手栏来分析一下,具体方法如下:

拿出一张白纸,横过来,从上到下画一条线。

在竖线左边写"为什么我不喜欢我的老板,为什么我不喜欢和他一起工作"。我相信,如果你真的不喜欢他,一下子就能列出好多原因。比如说,老板特别尖酸刻薄,讲话特别不客气,经常骂人,很善变，脾气不好，经常下午 6 点开始召集开会，等等。无论什么样的理由，都写出来。

右边写"我的策略"。要做好应对策略，需要回答几个问题：第一，左边列出来的老板的表现，哪些是可以忍受的，哪些是无法忍受的；第二，为什么我受不了他的这些"毛病"，我最不能容忍的"毛病"和我自己的哪些期望、偏好发生了冲突；第三，我有哪些优势，怎样利用我的优势去管理最无法忍受的"毛病"；第四，老板希望我在哪方面做得更好，我怎样让他更认可我的优势；第五，从他身上，我可以学到什么。

左手栏可以帮助我们把思路梳理清楚，避开情绪的影响，用更理性的方式来分析和老板的关系。

洞察笔记

洞察笔记的具体做法是：拿一张白纸，画十字交叉的线，把白纸分成四块：在左上角的方框中，写出老板的行为特点和他的管理风格，基于你的观察，把它描述出来；在左下角的方框中，写出老板的沟通偏好，以及你认为采取什么样的沟通方式，能够和老板更加有效的沟通；在右上角的方框中，写出老板的性格偏好；右下角的方框中，则写出你观察到的老板的心理驱动力，或者叫作他的职业动机。

这张洞察笔记，你可以每隔一个月回顾一次，修改一下。慢慢地，你会对老板更加了解。其实，工具只是工具，不用工具，有些人也可以把这件事情想得很清楚。但是，工具能够起到格式化、结构化的作用，能够让我们的思考更加全面。

洞察笔记的应用范围很广，除了用于分析和老板的关系，还可以用在自己身上。对于人的观察是一种非常难培养的能力，需要非常长的时间。

管理老板的方法还有很多，知道它们很简单，但要真正做到并不容易。"知道"和"做到"之间，有一条巨大的鸿沟，而跨过这条鸿沟的唯一桥梁叫作"勇气"。

提升职加薪之前，要了解老板怎么想

为什么每次我们和老板去谈升职加薪的时候，都不这么容易呢？因为这件事，老板自己决定不了，很多时候，需要老板的老板，甚至再往上的大老板去决策。要成功地实现升职加薪，做到知己知彼是最好的。

升职加薪实际上是员工和公司之间的一种博弈，要看哪边的分量重。哪边的力量强，天平就会倾斜到哪一边。要成功实现升职加薪，做到知己知彼是最好的。

首先，每个职场人的头顶上其实都有一个游戏规则，它在制约着我们能做什么，不能做什么。每个人的工作都有一个边界，有一个职责的范围。当职责定下来之后，岗位就确定下来了。

岗位确定了，很多东西也就跟着确定了。比如，岗位确定了，名片上能够印上的职称就定下来了。再如，这个岗位是有级别的，岗位确定了，级别也就定下来了。再往下，这个岗位级别对应的工资范围也就确定下来了。

举个例子。你的岗位是工程师。在公司里边，初级工程师的薪资可能在三千元到五千，中级工程师的薪资在五千元到七千元，高级工程师的薪资在七千元到九千元。在职位不变的情况下，你能够从这家公司、从这个岗位里面拿到的薪水差不多就是在三千元到九千元这个范围。

刚刚加入公司时，公司会给你在三千元到五千元这个范围内确定薪水，根据你的资历，根据你的能力，当你是初级工程师时，月薪可能是三千五百元。

接下来，今年的绩效做得不错，不管公司给你加百分之多少，你的薪资始终在三千元到五千元这个范围内浮动。做着，做着，你会发现自己涨薪的难度比较大了，除非你跳一级变成中级工程师。而要变成中级工程师，你又要符合中级工程师的那些能力要求、资质要求，公司才会把这个岗位给你。

这就是说，在一个大的框架下，你会受制于公司的游戏规则和管理制度。站在老板的角度，坦率地讲，员工的工资不是老板从自己的口袋里边掏出来付给员工的。很多老板其实巴不得给所有员工都升职加薪，大家开开心心工作，每个人都把自己手头的活儿做好，这样老板当然做得又轻松又愉快。

但是，为什么每次我们和老板去谈升职加薪的时候，都不那么容易呢？因为这件事，老板自己决定不了，很多时候，需要老板的老板，甚至再往上的大老板，去拍板，去决策。下面，我们就站在老板的角度来看看他到底要考虑哪些因素。

第一，要考虑平衡的问题。如果给团队里的这个人升职加薪，其他的人会不会受影响？会不会一个人高兴了，一群人不高兴？这个时候，老板就要权衡，在团队里边，这个人的表现其他人是不是认可，自己的权威是不是能够搞定这件事。

第二，一定要得到他的老板的支持。当他去和他的老板提出"我要给下边的小白升职"时，他的老板会不会支持，这是另外一个问题。

怎么样能够让你的老板有底气地去和他的老板提要求？一定是作为员工的我们自己把工作做得漂漂亮亮的，这是基础。

然后，在这个基础上，还要让老板的老板知道你做的很好。这个比较拗口，来解释一下。在企业中，发展人才有一个重要手段叫作曝光。很多员工虽然表现得很好，但是由于曝光度不高，高层并不知道。这样一来，在未来的职业升迁、获得职业发展方面上，他会失掉很多好的机会。因为高层不知道，他们需要更多时间去观察。当你的老板带着你的这个期望和要求，去和他的老板谈的时候，如果他的老板不了解你，就会犹豫，可能会说"我们要多观察一下"，其实是他自己想要多观察一下。

第三，要考虑给员工升职加薪之后该怎么办。给一个人升职加薪，这个员工肯定是开开心心地接着做，但是，到底他的"胃口"有多大？如果是 年时间，员工很高兴，那明年他再跑过来跟你提还要升职加薪，怎么办呢？因为刚才提到了，每一个岗位能够加薪的范围是固定的，如果超过这个范围，就比较为难了。

第四，要考虑人力资源部门的支持程度。当一个业务部门的主管跑过来找我，说他想给下边员工升职加薪时，我一定会问这么几个问题："上一次是什么时候给他升职加薪的？"如果时间只有一年，我一定要问："为什么短短一年时间，你就觉得还要再升一次？如果这一次你给他升职了，下一次你打算怎么办？你用这个人能用多久，你每年给他升职加薪，可能只能用他两三年，到了第三年之后，你怎么办呢？"另外，加薪加多少比例，也是一个问题，因为跳槽的薪资涨幅和内部升迁的涨幅都是有一个参考值的。

在现在的人才市场上，如果是传统行业，内部升迁的涨幅达到5%~10% 已经算是不错了。如果表现得特别突出才有可能达到15%。15% 的比例，有的时候甚至已经是跳槽才能够拿到的一个比例了。作为公司的"守门员"，人力资源部门一定会严格把关的。简单地说，升职加薪的决策实际上是一个复杂又艰难的人员决策，不容易做。

对于员工而言，想升职加薪，首先要让自己的工作做得出彩，做得漂亮。其次，要多曝光，让你的老板、老板的老板，以及你的团队知道你做得好。到了你升职加薪的那一天，大家都会来恭喜你，而不是在背后说这个人不合格，或者是用别的手段破坏。你要把你的需求、你的想法，和公司光明正大地提出来，你不说谁又知道呢？你不想要就得不到，你不喊出来别人就不知道。

特别提醒大家注意，在和老板谈升职加薪的时候有几点不要提：

第一，别谈公不公平。大家虽然都很在乎公平，但是你谈公平，只是从自己获得的信息去判断的，而从你的老板的角度看，可能他认为是非常公平的。公平在不同的人的眼睛里边，标准是不一样的。你和老板去谈公平，最后很有可能会变成一个争论，老板会说他如何公平，甚至有些原因他不方便讲出来。

第二，不要去谈别的公司怎么样，除非你已经拿到了这家公司的 offer，可以享受到这个待遇了。

曾经有一种说法一度非常流行，那就是"一个人优秀到一定程度，公司不给你升职加薪都不好意思"。我一直都不相信这种说法。在商业社会里，职场人是必须去为自己的权利去呐喊、去奋斗的。只是，要讲究策略，讲究方法。

被老板冤枉了，关键在于自己怎么想

被老板冤枉了怎么办？要回答好这个问题，我们首先要弄清楚自己是怎么看待这件事的，是认为它是一件大事，还是一件小事。如果是小事，就算了；如果是大事的话，就要好好地去准备一下了。

一位网友问我："当老板冤枉我的时候，我要怎么做？有的时候，可能老板知道这不是我做的，但是他又不想费时间去找到真正犯错的人。碰见这种事，我该怎么办呢？"

每天，我们都要处理各种各样的事，而要把这些事处理好，前提一定是你怎么看待这件事，接下来才是怎么处理这件事。回到上面的问题，被老板冤枉了怎么办。要回答好这个问题，我们首先要弄清楚自己是怎么看待这件事的，是认为它是一件大事，还是一件小事。如果是小事，就算了；如果是大事的话，就要好好地去准备一下了。

那么，什么是小事呢？比如，老板想安排你去做一件事，其实他没安排，但是他印象里记得好像安排过。于是，他跑过来问，那件事做好了没有。你说没有，这个您没有跟我讲过。老板说，肯定和你讲过。眼看着随随便便的一句问话就要变成一个争执的对话了，这个时候你怎么说？你可以说："老板，对不起，可能是我记错了，我马上去做。"这件事就这样过去了。这就是小事。

那么，什么又是大事呢？比如，这件事可能影响到你今年的绩效表现。这种事肯定要较真，即便对方是老板，但是较真也要讲究方法。怎么办呢？我的建议是不要当众打脸。别当众说这种话："这个和我没关系""这不是我的错""这不是我的问题"……

那么，不说这些话，你可以说什么呢？你可以这么说："老板，这件事情比较复杂，我稍后向您解释一下……"你不仅没有承认这件事是自己的责任，还留了一个后续向老板解释的机会。之后，你要做的就是把这件事的前因后果先自己理清楚，把包括相关的文档、邮件等一些证物都整理好了之后，打印出来，把重点的词、句标出来，然后和老板约一个时间，坐下来跟他好好地谈。你可以对他说，老板那件事是怎么样的，这是我看到的信息，您帮我看一下，是不是我有哪些信息漏掉了。

如果老板冤枉了你，这件事对你影响很大，你又不去澄清，事情就比较麻烦了，到最后可能真的就变成你的问题了，也就是说，你就要承担这个责任了。所以，如果碰到这种情况，该说还是要说的。这里，还有一点需要特别注意：你去找老板谈的时候，关键还在于沟通的方式和方法。

在沟通的方式上，最好就是私下里谈，可以找一个小型会议室，提前约一下老板，让老板有一个心理准备。这个时间不要特别短，因为时间短有可能讲不清楚。

在沟通的方法上，要坦诚一些。说话的基调尽量不是诉苦，或者告状，说这是谁的原因，而是澄清问题！你把自己准备好的材料给老板看过之后，再解释一下："如果这件事确实需要有人承担责任，我希望老板也做一个调查。这些材料是我看到的信息。至于其他人，确实我也没有看到，我不知道他们能够接触到什么信息。所以，我只能从我的角度来判断，我觉得在这件事里我其实是挺冤的。"这时，你不需要说某人诬陷你，因为老板自然有他的判断，你需要把这个判断的空间留给他。

如果你认为老板在故意冤枉你，那么是否做出解释，意义就不大了。但是，你可以找一个机会跟老板讲："这件事，其实我还是觉得挺冤的。如果您想了解一下内情，我可以向您汇报一下。"如果老板确实没有要听的意思，就不必再提起了。

在职场里，我们总会碰到各种各样开心或不开心的事情。对于被老板冤枉这种不开心的事情，我们需要学会一种放下的心态，让它随风而去吧。有些事你放在心里，只能增加自己的不痛快，增加自己的心理负担，增加自己的痛苦，而不能解决问题。所以，有些事过去就过去了。

像这样的情况，如果对你的工作有非常大的影响，甚至会让你背一个处分或者失掉这份工作，我建议不能坐以待毙，你需要把自己所有的资料、所有的证据准备充分，接下来通过合理合法的手续去申诉，找公司的人力资源部或者法务，或者找老板的老板，一定要把这个情况提出来。如果无法解决，接下来就走合法的法律程序，到劳动仲裁部门去仲裁。

在年度目标上和老板讨价还价

一年一度的绩效管理总结，老板和员工就谈这样三件事：绩效、目标、发展。怎么确保我们在一年的时间里能够实现价值最大化呢？从谈目标开始，确保你和老板的目标是双方清楚的，这样，你才能拿到想要的东西。

一年一度的绩效管理总结，老板和员工就谈这样三件事：绩效、目标、发展。至于到底该怎么谈，我建议职场人士按照以下八个步骤去做。

第一步，想清楚之后再进门。

凡事预则立，不预则废。跟老板谈事情不要现场发挥，而要提前有准备。应该准备什么呢？又该准备到什么程度呢？

首先，要确保有足够的时间。我建议不要少于一个小时，否则可能你正讲得兴高采烈，还没有讲到关键的地方，突然老板说不好意思，他下一个会马上就要开始了，今天只能先到这里了。这个时候你就傻眼了，下一次说不定又什么时候才能重新约。草草收场对于我们来说是相当不利的，所以要确保老板有充分的时间。

其次，要确保有比较私密的空间。如果这个约谈是你主动发起的话，建议找一个比较封闭、私密的场地，尽量不要坐在格子间谈。进门之前，心里先想清楚，今天谈完了之后要实现几个目的，对哪几个目标有异议，希望能改掉，或者改得容易、简单一点。这是人之常情，但是实际上很多目标不太容易修改。所以，你要准备一个备用方案，如果这个目标确实改不了，就要多争取一些资源。至于争取什么资源，需要提前想好。就像讨价还价一样，进一步退一步，到底要还的是个什么价，想好之后，才能进入下一个步骤。

第二步，先别急着表态。

一些刚刚参加工作不久的朋友对老板总是比较敬畏。当老板板着面孔或和风细雨地和他讲完了之后，他一激动就会许诺："老板，没问题，这事儿我就做了。"我觉得不要那么急着表态，即使你觉得这个目标很好，你能够做到，我也建议先缓一缓。

第三步，该问的问题要问清楚。

我们要问两种问题：澄清类问题和探寻类问题。

所谓澄清类问题，是指这个目标或这种描述方式，你没太弄懂，所以用自己的语言重新讲一遍，问老板是否是这个意思。老板说是，才算是确定下来。就怕脑子还是一团糨糊，觉得大概是这个意思，并想当然地去做了，过段时间，老板说这不是他的意思，那就麻烦了。

所谓探寻式问题，是指问那些目标背后的目标，原因背后的原因。问一下老板到底想实现什么目的，请他描述一下那个场景，到底他想看到什么样子。我们需要理解老板的用意，知道他的初衷到底是什么。

举个小例子。一家工厂建新厂房时装了空调，之后老板要求你做一个数据库，目的实际上是为了方便工程师去查空调的一些参数。

只是在目标这里，老板可能也没想那么多，只是把建一个数据库作为目标，而且规定了完成时间和条件。如果你把数据库完成了，但是并不了解老板的目的是方便维修工程师去使用，等这个项目做完之后，老板在工程师那里听不到好的反馈，反而听到了抱怨，这就吃力不讨好了。你可能费了不少精力，但是没能满足老板的要求。

所以，在接项目时，我觉得可以多问两句。问一下老板，做这个数据库想实现的成功场景是什么，是否可以解释一下。知道了老板的目标，你就可以有所选择了。一个选择是"我现在清楚了您的要求，我就这么写，我不改这个目标"，另一个选择是"我建议，我们能不能把这个目标稍微做个调整呢？您觉得如果这么改是不是更适合呢？"

第四步，该提的建议要提。

因为老板也喜欢动脑子的下属。对于老板来说，他不仅仅需要你的双手双脚，还需要你的智慧。一个喜欢动脑筋、经常提建议的员工，对于老板来说，也是在帮他的忙。所以，不要怕提问题，也不要过分忧虑老板可能不开心会怎么样，只要你的出发点是为了把这件事做好。（当然，和老板沟通时，要注意必要的方式、方法。）

第五步，该诉的苦要诉。

讨价还价，当然要讲清楚原因。原因是什么？就是各种各样的困难。说实话，一个老板的眼里能看到的事情是有限的。如果他的团队规模又比较大，他对于每个人面临的困难可能都很模糊，所以这个时候你就要跟老板讲，做这件事有什么困难。这也从另一个方面证明了你对这件事比较了解，想得比较透彻。

第六步，该表的态要表。

具体来说，就是虽然这件事做起来有困难，但是请老板放心，我一定努力把它做好。

第七步，该提的要求要提。

这和第一步"准备好再进门"存在相似之处。你之前已经想清楚了，跟老板聊完了之后要拿走的东西是什么，要落在纸上的东西是什么。到了这个时候，该提的就要提了，即使原定的目标并不能改变多少，但是能够实现你自己的目的。你要实现什么目的？尽可能地多拿点资源，多拿点支持，或者你自己要有一个职业发展计划，怎么样能够拿到老板的一些口头承诺，或者实实在在的承诺。这就是你和老板谈目标的时候，你讨价还价得到的东西。

第八步，给老板一颗"定心丸"。

你把整个目标再和老板回顾一下，把你的想法再和他讲一讲，最后跟老板保证会尽全力把这件事做好，请老板放心。整件事也就结束了。

每年这个时候，谈完绩效目标，我看到不同的人脸上有不同的表情，有人怒容满面，觉得这件事是老板硬压给他的，可老板也跟他讲这是逐步往下压的，老大没扛住，我也没扛住，那你做不做这个工作？我的看法是这样：既然你要做的话，就把这件事情的价值最大化。

我一直在讲，你不想要，你就得不到。这个"想要"是要付出努力的。怎么确保我们在一年的时间里能够实现价值最大化呢？那就从谈目标开始，确保你和老板的目标是双方清楚的。这样，你才能拿到你想要的东西。不要把这个机会浪费了。

直面老板的怒火，掌握方法很重要

老板发火并不罕见，重要的是你要如何处理。如果你把它当作很严重的事，就可能会导致比较严重的后果；如果你能将自己与老板的坏情绪隔离，就为自己争取到了修复与老板之间关系的机会。

如果去问那些工作时间比较长的人有没有碰到老板对着他吼，对着他发火的情况，我估计被问到的人十有八九都会回答遇到过。老板也是普通人，吃五谷杂粮，有七情六欲，肯定有脾气不好的时候。所以，老板发火其实挺正常的，大家也不要太把它当回事。

如果老板冲你发火，你把它当作很严重的事，那你的处理方法可能会导致比较严重的后果。比如，你一拍桌子，说老子不干了，然后辞职。结果，你在没有任何准备的情况下就失去了经济来源，甚至可能会在接下来的几个月中一直找不到工作。再如，你在接下来的一段时间都很郁闷，工作状态受到很大的影响。自己觉得越来越别扭，甚至会因为工作状态下滑遭受领导的批评或降薪。

相反，如果你的承受能力比较强，老板说了也就说了，骂了也就骂了，第二天该干什么干什么，吃得饱，睡得香，也很不错。

我自己经历过的老板发火，大概有三个段位：第一个段位叫作只给脸色不动口，第二个段位叫作动口不动手，第三个段位叫作既动口又动手。下面来具体解释一下。

只给脸色不动口，这种情况其实挺多的，具体表现是硬邦邦地扔出一句话，甚至不扔一句话，脸色是黑的，扭头就走，或者干脆不理你。这是一种典型的冷暴力，会让人心生厌恶。

就目前来看，动口不动手，可能是分布最广的，具体表现为直接批评或直接骂人。我以前看到过有人被骂是猪，这么蠢的事怎么能做得出来，等等。

动手的情况不是很多，而且往往发生在高层。他们不是打人，而是摔东西，摔门、摔文件夹等。我的朋友就曾目睹过这样的事情。有一天，他去客户公司联系业务，正好赶上该公司的老板在办公室发火。可能是火气比较大，这位老板竟然当着供应商的面（我的朋友就是这位供应商），把文件夹直接摔向了他们公司的一位高管。我之前也在公司见到过总经理在开会的时候愤怒地摔手机。被丢在桌子上的手机瞬间解体，手机壳和电池彻底分了家，零件七零八落。参加会议的同事面面相觑。

老板发火，肯定有他要发火的理由，可能是情绪不佳，可能是压力大，也可能是他的一种策略或手段。比如，之前我认识的一位总经理就把发火当作一种策略，他将发火称之为策略性的情绪化。什么是策略性的情绪化呢？他的情绪其实是一种工具。我曾看到他对着一个组的人大声吼，怒气冲天，转过头来，对着另外一个组的人，立刻就变得和颜悦色了，对着其他人也是笑嘻嘻的。

那说明什么呢？他不是真的发火，而是通过发火这个情绪化手段给某些人施加压力。被怒火波及的人会立刻夹着文件夹灰溜溜地跑回去，努力干活儿去了，也可能回去对着自己团队又发了一顿火。这其实是高管的一种管理手段。而且，他能够掌握好在什么时间把脾气用出来，一定会产生效果。

下面说一说老板发火时该怎么做。

第一，不要去急着辩解。一个人在情绪化的时候，一定是先解决情绪，再谈问题。这个时候，逻辑、分析、对错都是不起作用的。面对老板发火的时候，比较好的做法是不辩解，千万不要说"这关我什么事啊""这不是我做的，你应该找谁谁谁"……这种时候，老板没有那个心思去按照你说的去找人，他就只想对着你发泄，你想逃是逃不掉的。

第二，如果这是你的问题，就先承认。你先把"这件事确实是我错了，是我不对"的话说出来，老板就不至于再变本加厉地要得到一个答案，因为很多时候人发火是为了找一个发泄的渠道，你越不承认，他火气就越大。你可以让他把情绪处理好之后，再去找他沟通："接下来我这样做，您看可以吗？"他可能会气呼呼地回答赶快去干吧。这件事就结束了。

第三，将自己与老板的坏情绪隔离。我以前曾经用过这样一个方法：在头脑里想象有一个透明玻璃屏风，可以把自己完全包起来。这个屏风就像你在看电影时的银幕，只是放映的是一部全息360度实时的电影。你看老板在那边嘴巴张合，喷着口水，面红耳赤地发火，而你只是在默默观察。这个时候，你的心态可能会稍微平静一点。

你表现得越稳定，越平静，老板的火气就越不容易增长，可能就在这个尺度上维持一段时间，慢慢也就平静下来了。关键是下一步，等他安静了之后怎么做。这时候，你要把握住机会。比如说，等他发火这件事过去一两个小时了，你再去敲门："老板，现在心情好一点了吗？要不，我们来说说那件事吧。"我之前就曾这样应对老板的火气，效果很不错。

等他心平气和的时候你再过去谈，老板的心里应该还是挺高兴的，起码他觉得你没有逃避这件事。你也可以很快地把这个关系修复，因为不管他级别有多高，是什么样的人，发完了脾气之后还是要你去帮他把这件事做完。因此，这个时候你主动一些，说"老板心情怎么样，咱们聊一聊吧，是我不对……"接下来，他可能就坐下来跟你心平气和地聊聊。这是你主动去弥补缝隙、弥补破损关系的一个办法。

另外，老板发火还有一个相当重要的原因，那就是他意识到这件事的影响很大，比如说这是一次很重要的会议，这次活动非常重要，这是一个很重要的客户，但在你看来，并不重要。我觉得这也是一个很大的问题。凡是这种情况出现时，你就要意识到，老板的角度是什么，什么事情在他看来是特别重要、特别在乎的，那为什么你不在乎，你们对这件事的看法为什么不同。这也是自己不断总结、反省，不断提高自己判断观察能力的过程。

说实话，管理上级不是那么容易的。你没有选择上级的权利，所以要慢慢地借各种各样的机会来锻炼自己的承受能力。还是那句话，你的舒适圈越大，能够处理的人和事情的种类就越多。这是提升自己能力的一个重要过程。

不光会干，还得会说：怎样向老板做汇报

向老板汇报工作是一种能力。要做好向老板汇报的工作，得解决三个问题：一是 what，即向老板汇报什么；二是 how，即用什么方式汇报更合适；三是 when，即多久汇报一次为宜。

朋友璐璐问了我几个关于向老板汇报工作的问题："作为职场新人，该怎样向老板汇报工作呢？又该说些什么呢？是不是要选择一下场合？是邮件汇报好，还是口头汇报好呢？"

向老板汇报工作是一种能力，即使工作多年，也未必能做得很好。要做好得解决三个问题：一是 what，即向老板汇报什么；二是 how，即用什么方式汇报更合适；三是 when，即多久汇报一次为宜。

向老板汇报什么

为了更好地说明问题，下面我们用小白和他的老板汤姆来做一个例子。

小白现在负责一个建设网站的项目，是汤姆安排他去做的。项目进行到一定程度的时候，小白来向汤姆汇报工作。

小白："老板，昨天和 IT 部门的 Jerry 说了我们的项目，他说最近事情很多，所以我们这边的工作需要等排期，等他们有人手的时候再做……"

汤姆忍不住了，问："你到底想说什么？什么时候他们来帮我们做这个项目呢？"

小白："Jerry 说时间不一定。"

汤姆又忍不住说："那你是怎么和 Jerry 沟通的呢？你们的结论是什么呢？"

小白："我和他说了！我们这个项目很紧张，让他们帮忙。但是，Jerry 说最快也要等一个月才行。"

这时候，汤姆问："那你准备怎么做呢？"

在和汤姆的对话里，小白不断在讲发生了什么，但是他没有讲结论是什么。这是我们在跟老板做汇报的时候需要极力避免的一点。那么，汇报的时候到底是先讲过程，还是先讲结果？我的建议是：先讲结论，再讲过程。

我们再来看一下这个场景，换一种方法会怎样。

小白："老板，您今天什么时候有空？关于网站的设计，我想和您汇报一下，大概需要 10 分钟时间。"

汤姆看了一下自己的日程表，正好离下一个会还有 10 分钟："那你现在就说吧。"

小白："我和 IT 部的 Jerry 已经确认过了，IT 部门最快要一个月才能把他的人手腾出来帮我们设计网站板块。根据我的计划是要用两周的时间，我先把内容设计好，IT 部的人开始写代码。按照现在的情况，我们的项目会晚两周的时间交工。我现在想到的办法：

第一是……第二是……第三是……老板，您要是同意的话，我打算用第一个办法。"

汤姆："考虑得很周到，就这么办吧。"

总结一下，在汇报时，你需要从内容上注意以下几个方面。

第一，多用总结性话语，多讲一、二、三。

讲第一、第二、第三的这种方式，实际上是把你要讲的内容做了一个分段，逻辑层次比较清楚，让你说出来的话显得有条理、有框架，让对方听起来也比较清楚，容易抓住重点。

第二，多讲自己的判断和意见。

这是展示自己有思考过程的办法。

第三，多总结老板平时习惯问的问题。

这样，你能够了解老板思考问题的习惯是什么，熟悉他看待问题的角度。当你熟悉了老板思考问题的习惯以后，很多问题不用等到他问出来，就能知道老板会提什么样的问题，提前就把答案想好。老板当然会认为这样很好，因为节省了他的时间，提高了效率。而你通过这样的方式，也自然学到了老板的思考方式。

用什么方式汇报更合适

第一，尽量用简洁的方式。

能够见面谈的尽量见面谈，不要写长篇大论的邮件。对于不在同一个办公室、异地办公的老板，可以考虑用邮件。如果能用简单快捷的沟通方式，比如微信或者企业内的 IM 软件，就尽量利用。

第二，汇报前先询问老板是否有时间。

找老板汇报工作的时候，不管汇报的内容是长还是短，都最好先简单地问他一下：老板有空吗？有时间吗？这样的沟通方式比冲进去就讲自己的事情好。这样照顾了老板的情绪，这种方式对于他来说不是一种干扰。如果你冲进去就开始讲，作为老板肯定很少会直接请你出来，但你并不知道老板正在处理什么事情，紧急还是不紧急。假如恰好赶上紧急事件，老板一心多用，你要汇报的工作说不定也会受到影响。

多久汇报一次为宜

找老板汇报工作，最好能和老板约好沟通的频率。比如，每两周或三周定期给老板汇报，讲述这段时间的工作进展，并针对不同的项目征询老板的意见。举个例子。在项目开始的时候，可以这样跟老板说："老板，这个项目每隔一段时间或者到了一些关键的时间节点，我过来跟您汇报一下，可以吗？"，或者"这个项目很重要，只要是项目有进展，我就让您了解一下？"

对此，老板自然而然地会有一个判断。他会告诉你用什么样的频率、什么样的事需要跟他讲、需要支持或者批准的事情、什么事情不需要报告。你在项目开始之前和老板讲清楚，有一个明确的约定，这是比较好的方法。

有人觉得和老板一起工作很长时间了，已经很熟悉了，不需要也不想去打扰老板。但是，出了问题以后，老板可不一定会这样想，他可能会觉得这件事你怎么不告诉我，结果造成了误解。因此，最好的办法就是在项目开始之前和老板约定好。

老板默默抄送给我的邮件，怎样跟进才合适

老板抄送给我的邮件，怎样跟进才合适？仅仅有思想活动，而没有实际行动，产出等于零。相对于"问答题"，老板更愿意做"选择题"。作为下属，与老板进行沟通的时候，应该尽量选择简单高效的方式。

一位叫石头的朋友通过微博给我发来了这样的问题："老板发邮件给别的同事的时候，抄送给了我，老板是什么意思呢？他除了让我知道这件事，还有没有让我跟进的意思呢？我有时觉得某些事情应该是由主收件的同事来处理的。但是，像这样的情况下，我是主动跟进邮件中安排的工作，还是等主收件的同事去处理？"

老板发了一个邮件给别人，把你放在了抄送名单中，但并没有明说要你做什么。类似这样的问题，相信职场中人应该是经常会遇到的。那么，收到邮件的人该做些什么呢？

先来构建一下这个场景：

人物：员工小白，老板汤姆。

事件：某天，汤姆回邮件给公司的张总，而且顺带把邮件抄送给了小白，但是他没有告诉小白要做什么。看到邮件后，小白做出

了以下 7 种反应，得到了不同的结果。

反应1

小白思维：老板应该是让我知道这件事，至于要做什么具体工作，老板会安排的。

小白行为：关掉了这封邮件。

汤姆认为：……（我没有得到任何来自小白的主动反馈）

反应2

小白思维：老板应该是让我去跟进，但是怎么跟进呢？老板没说，那我自己琢磨一下，想几个解决方案，等老板来问我的时候，我再跟老板说吧。

小白行为：关掉了这封邮件，默默地思考。

汤姆认为：……（我依旧没有得到任何来自小白的主动反馈）

反应3

小白思维：老板应该是让我去跟进，但是怎么跟进呢？老板没有说，我来问问他吧。

小白行为：给张总和老板回了一个邮件，把两人放在一起。在邮件中，小白就问老板："我需要做什么吗？"

汤姆认为：小白的情商还真是小白呀，像这种事私下问我不就好了吗，还非得把邮件抄送给张总。

反应4

小白思维：老板是什么意思？我直接发邮件问他吧。

小白行为：单独给汤姆回了一个邮件，问："老板，我需要跟进吗？我要做什么吗？"

汤姆认为：小白还挺主动的，但好像不怎么愿意动脑筋呀。

反应 5

小白思维：老板是什么意思？我直接过去问他吧。

小白行为：跑到汤姆面前问："老板我收到邮件了。我需要跟进或者需要做什么吗？"

汤姆认为：小白反应挺快的，但思考就不怎么主动了呀。

反应 6

小白思维：研究下这件事情是怎么回事吧。如果我是汤姆，我能想出多少种方案。

小白行为：把张总和汤姆在邮件里的往来对话都研究一遍，写出几种方案，每种方案都列举了费用和是否需要别的团队协作，并且把方案发给汤姆。

汤姆认为：小白思考很主动，但这样沟通的时间成本太高，没有效率，还是让他直接过来给我讲讲方案吧。

反应 7

小白思维：研究下这件事情是怎么回事吧。如果我是汤姆，我能想出多少种方案。

小白行为：来到汤姆面前对他说："老板，邮件我看到了，如果我去跟进的话，我打算这么做。"

汤姆认为：第一，我本来只准备让小白知道下这件事，并没有打算安排给他做，不过他很主动、有效率，思虑也很周全，让我重新认识他了；第二，小白对待这件事情很认真，考虑也周全，那就让他跟进吧，他有个方案还是不错的，我稍微指点一下他就能把这项工作完成了，的确是一个有能力的青年。

小白对这件事做出的 7 种不同反应，其实是用了 7 种不同的方式向老板汤姆展示自己的能力。

在第 1、第 2 种反应中，小白实际上没有任何动静。不管有多少思想活动，汤姆都没有看到，就会认为小白不够主动。仅仅有思想活动，而没有行动，产出等于零。

第 3 种反应中，小白愣头愣脑地发邮件给汤姆，还抄送给张总，看起来很主动，但实际上没有考虑到老板的感受。老板有可能还会觉得有点丢人，因为这种事情小白可以私下来问自己，不需要抄送给张总。小白这么做，老板也不见得会满意。

第 4、第 5 种反应中，小白有了行动，但动作是直接去问老板"我要做什么"，老板会认为小白态度不错，但不愿意动脑筋。相对于"问答题"，老板更愿意做"选择题"。

第 6 种反应中，小白有动作也动了脑筋，但选择的方式不是老板最倾向的方式。长篇大论的文章老板不一定有时间去看，最高效的方式是面谈。有些人对跟老板面谈有很大的压力，但只要你思路清晰，大可不必为此紧张，清楚地表述出你的意见即可。作为下属，与老板进行沟通的时候，应该尽量选择最简单高效的方式，也就是第 7 种反应。

工作中无论多小的事，都值得我们认真复盘。只要认真，总能总结出心得体会。不积跬步，无以至千里，这样一步一步的反思、总结、行动，才会让一个人快速地把经历变成经验，把经验变成价值。

直面办公室政治，
学好职场人士的必修课

无论是什么样的公司，职场政治其实都是逃无可逃、避无可避的。对于身为职场人士的你而言，只能学会与之相处。随着工作职责不断增多，你会不断地去融入职场。所以，早一点建立对于职场政治的敏感度，是一种重要的能力。

职场"潜规则"是职场人士的必修课

所谓"潜规则",就是"潜在的规则",它是一个中性词。职场"潜规则"是职场人士的必修课。君子善假于物,用好"潜规则",职业之路就会少走很多不必要的弯路和绕过大坑。

一提起"潜规则",大家难免有一些误解,认为它就是职场中一些错误的做法和原则,是需要被改正和被消灭的。其实,现在我要讲的"潜规则"就是字面上的意思,"潜规则"就是"潜在的规则"。

职场"潜规则"是职场人士的必修课。

职场"潜规则"产生的原因

在职场里,"潜规则"产生的肥沃土壤就是复杂的人性,总结下来只有七个字,叫作:趋利避害,被认可。

先来看"趋利避害"。所谓"趋利"就是走捷径,用最低的成本取得最大的利益。在职场里打拼,有人毕业之后努力工作,不仅得到了老板的认可,就是同事也服气,三年之后就成功地升职加薪了。

这是大家都认可的职场发展路径。可是，偏偏有的人更愿意走捷径，通过某种不太正规的方法跳过了所有的环节，将自己的目标一步到位地实现了。别人看到了忍不住会想：既然他能做，为什么我不能做？慢慢地，这种不太正常的"潜规则"就被建立起来了，很多人就照着做了。

而"避害"和"趋利"还是有很大区别的。从动机上来看，"趋利"更多的是主动，"避害"更多的是被动。职场人选择"避害"，在我看来，是可以理解的。很多人是出于自我保护，为了防止自己被惩罚，才接受潜在的规则的。比如，加班竞赛，我坐在办公室里并没有妨碍到别人，我只是因为害怕受到惩罚才选择坐到这儿，这也是没有办法的办法。

再来看"被认可"。我曾经参加过一个培训，印象特别深刻。在培训中，我看到了两段驯马的视频。在第一段视频中，驯马人采用的是传统的驯马方法。他们先用绳索把小马套住，再摁到地上，强制性地给小马戴上嚼头。为了让马驯服，他们把小马打得很惨。在第二段视频中，驯马人则采用了完全不一样的方法。小马被赶到一个圆形的围墙里，驯马人骑着一匹马，站在圆形围墙的中心。在这个封闭的空间里，小马想要靠近驯马人骑着的这匹马，驯马人就用鞭子不断地把小马往外推，动作很轻，慢慢地缩小了和小马之间的距离，并且开始接触小马的身体，直到戴上嚼头。在整个过程中，小马表现得非常顺从，而且驯马人用了更短的时间，就实现了驯服。

为什么第二种方法更好呢？因为驯马人充分利用了马群居的特性，具备社群属性的动物有被认可的需求。有人在开会时，明明不同意大家的意见，但是因为不想和所有人表现得不一样，不想从团体中被分离出去，他会选择不吭声。所以，基于人性的心理需求非常强大，哪怕不舒服，它也会驱动着我们去做。

底线是职场"潜规则"的重要判定标准

如何去判定职场"潜规则"呢？对于这个问题的答案，可能仁者见仁，智者见智，有人认为是黑的，有人认为是灰的。就是我们自己，似乎也没有明确的答案。不过，没关系，我们可以自己制定一个标准出来，画一条底线出来，底线以下的事情坚决不掺和，底线以上的可以接受。

每个人画出的底线高低不同，对于我来说，底线就是做一个好人。所谓做一个好人，是指不违法、不害人、不害己。我们在职场里工作，由于能力有限，有时候会犯错误，犯错误不要紧，可以做错事，但不要做坏事。再有，就是不要用伤害自己的方式来获取你想要的东西。

从"做一个好人"再上一个台阶，我把它叫作做好职业品牌，做专业人士。做一个好人，其实不难，但是有可能只是一个"老好人"，一个糊涂的"老好人"。做职业品牌，就意味着有所为、有所不为，你必须有自己的标准。如果一件事超出你的职业范围，那就不要做。

举一个简单的小例子。我做人力资源这一行很多年了，跟不少员工既是同事，又是好朋友。如果他们私下里来问我一些不该讲的事，我的原则是，宁可朋友不做了，我也不能讲，因为这是我的底线，这是我的职业品牌。如果我讲了不该讲的事情，就是对个人职业品牌的亵渎，就是对做专业人士这一底线的背叛。

从"做好职业品牌"再上一个台阶，叫作"我不喜欢"。但是，我觉得，我们有的时候不要基于自己的情绪去做决定，而是要基于自己的判断。基于情绪的决策，常常会带来令人后悔的结果。

从"我不喜欢"再上一个台阶，可能就达到了个人底线的顶点，我把它叫作"捍卫我的主张"。一些朋友曾经向我吐槽："企业里有各种各样的'潜规则'，你要去抗争，如果你不抗争，别人也不抗争，到最后不就变得一团漆黑了吗？这个社会还有希望吗？！"对于这种论调，我有一些不同的看法。现实世界是复杂的，很难用非黑即白这种二分法去判断。只有小朋友才去区分好人和坏人，而作为成年人的我们，必须接受这个世界除了黑白，剩下的大部分是灰色的这一事实。一件事情到底是对是错，取决于你的标准。每个人都有自己的选择，很难说一个选择比另一个选择更高尚。坚持自己的立场，令人敬佩，但是自己坚持去做就好，不要期待别人也如此，因为这完全是满足自己内心的需求。

用好"潜规则"，走好职业之路

对于一家企业来说，它在制定规章制度约束员工行为的同时，还会有一张大网把那些规章制度管不到的事情全部兜起来。而组成这张大网的经线、纬线，就是一条条的"潜规则"。这张大网是什么？我们把它叫组织文化。所以，管理一家公司，千万不要指望着光靠制度就能把公司治理得很好，制度一定会有缝隙，有管不到的地方。制度制定得越精密，管理成本越高，需要监督，需要奖惩，否则就是一纸空文。善用"潜规则"，能建立起健康的组织文化，实现企业管理的最大投入产出比，用最小的代价实现最优管理。

那么，身处其中的我们该怎么做呢？希望大家能够有自己的立场，做一个好人，做一个有职业追求的人。人在职场，"潜规则"

无处不在，与之和谐共处才是聪明的做法。君子善假于物，用好"潜规则"，职业之路就会更加顺畅，我们就可以少走很多不必要的弯路，绕过很多职场中的"大坑"。

老板谈企业文化，我们真的很尴尬

> 企业文化就是共享价值观，而价值观是在一个组织里面，一大群人天天在一起工作，大家对于某些事有共同认可的对错标准。大家都认可的企业文化能够帮助企业越做越好。

企业文化是 20 世纪 80 年代从国外传到中国来的概念，进入中国后就备受中小企业主的追捧，因为他们发现多了一个可以让员工拿得更少、干得更多的工具。我经常能看到有些理发店、房地产中介、小饭店门口一个领队带着一大堆 20 多岁的小伙子、小姑娘在门口跳操，各种喊口号、拍巴掌，我估计十有八九并不是心甘情愿那么做的，但没有办法。

我曾在保险公司工作过一段时间，给公司员工培训的时候，有一个环节我特别不适应，说实话是挺抵触的。培训开始之前，我必须说一句套话："大家早上好"，这个"好"必须尾音上扬，而所有学员得回应"好！很好！非常好！！！Oh Yes！""Oh Yes"必须得说，而且还得配合剪刀手的动作。直到离开这家公司，我依然对这种做法很抵触，这也是企业文化的一种表现。

当然，我一下子举了两个反面的例子并不是要抹黑企业文化，恰恰相反，我是企业文化坚定的拥护者。因为当一家公司企业文化很强大的时候，它真的能够变成公司的竞争力，而且员工会以此为荣。打造企业文化是一个技术活儿，并不是投入一大笔钱就能马上建立起来的，而且很多时候做出来的东西是形似而神不似的。大家最头疼的问题就是企业文化的最后一步怎么落地，实际上大部分都没有落地，都落到了墙上，变成了标语口号，但如果真的把企业文化做好了，那效果也是非常明显的。

记得我曾经服务过的一家公司搞过一次文化搭建研讨会。当时我问了总经理一个问题："如果把咱们公司当作一个人来看的话，你觉得公司是男是女，是老年还是少年，脾气秉性怎么样？"总经理看着我，说："这个问题非常危险。"他拒绝回答，但我相信他心里一定有一个答案，只不过他不想给公司贴标签，不想把他的观点亮出来而已。

任何一家企业都有自己的基因，都有和别的企业不一样的东西。很多人认为，"企业文化太虚啦，讲不清楚"，但是我想说，一家好企业的企业文化，是能够被讲清楚，能够被看到的，并不是在墙上看到，而是在员工的行为和老板的行为中看到。

有一次，我和一位在联想工作的朋友聊企业文化，他举了一个例子，一直让我记到今天。他说："企业的治理既靠硬的制度，也要靠软的文化，两只手都要有，而且两手都要硬。你看瓷砖是硬邦邦的，方方正正有边界。瓷砖贴在墙上，即使靠得再近，它的中间也是有缝隙的。这些缝隙怎么处理？就得靠白灰抹起来，硬的瓷砖就是制度，软的白灰就是文化。这就是制度一定有解决和覆盖不了的问题，这些问题要靠文化解决。"

企业之所以需要制度和文化，最大的目的就是要确保员工的行为是企业希望发生的行为。比如说，制度可以规定员工早上九点钟开始上班，下午六点钟才能离开公司，但是制度没办法规定，在工作期间，员工吃午饭花多长时间，倒杯水花多少时间，上个洗手间花多少时间。

当然，有的公司也有这些规定，但是这会增加很多管理成本。有了制度，就要有监督管理，就要有奖惩，否则的话，制度就流于形式了。

这些林林总总的小事，是文化可以帮你搞定的。把公司的事当作自己的事，要有主人翁精神，这一句话就能概括无数的场景。员工如果认可这一点的话，就算你不给他提要求，他也会主动自觉地去做，这就是文化的力量。

文化用得好了，配合制度，是能让一家企业变得非常强大的。当年，中国有四大通信公司，叫"巨大中华"，就是巨龙通信、大唐电信、中兴通讯和华为技术（以下简称"华为"）。现在，华为一枝独秀，成长为一家世界级公司。华为到底做对了什么事，能够让它脱颖而出，现在变成这样一个体量和规模呢？

1998 年，华为还是一家很小的企业的时候，就发布了《华为基本法》。华为定义了很多东西，包括它的核心价值观、企业文化。其中，第一条就是被业界广为传颂的"成就客户"。这对于华为来说真的不是写在纸上、印在墙上的一句空话，而是很多员工实打实干出来的。

当年，同在电信行业工作的我，只要把自己手头的事干好就可以，但是华为的员工不是这样的，他把手头的活儿干完，还要把客户的活儿也干完。华为的工程师对于客户的要求几乎是有求必应。其他公司的工程师还挺鄙视华为这种做法的，说他们的工作是"三边工程"，边设计边施工边调试，但从侧面能看得出来，用户的需求只要提出来，华为工程师就会尽全力去实现。当用户的需求提出来后，华为的研发团队就直接到现场设计，设计完就直接施工，设备安装之后教你怎么用，客户能不满意吗？

当一家企业的客户也认同这家企业的文化价值观时，这种企业想不成功都很难。但华为也只有一个，在更多的公司里，员工对于企业文化这件事是抱着完成任务的态度去应付的，反正老板要我做什么我就做什么，但内心并不认同。

不少朋友认为企业文化就是资本家的洗脑工具，就是让员工多干活、少拿钱。该怎么看呢？我觉得这答案有点道理，但只说对了一部分。搞企业文化当然是为了企业好，没有哪家商业机构存在的目的是为了向社会输送道德高尚的人。那么，对于企业来说，为什么要倡导企业文化呢？

举一个最简单的例子。如果企业的员工之间互相拆台，对于企业来说，它的内耗成本就很高。所以，企业才发自内心地希望，员工要团结，要就事论事。企业的目的是要创造一个有道德感的人吗？当然不是，而是为了降低企业的运营成本。

老板们都去搞企业文化，是不是真的就像大家所说的那样，让员工能够多干活、少拿钱呢？可能很多老板都这么希望，但真正实现起来确实非常不容易，绝大多数企业是做不到这一点的。这是因为，企业不是独立存在的，周围还有一堆虎视眈眈的竞争对手。一旦企业提供不了让员工满意的薪水，竞争对手就随时可以把他们挖走。

除非是你的企业极其强大，有一个非常强大的光环。

就像很多大型跨国公司，名气很大，品牌也很响亮，但员工的工资收入并不高，和市场平均值比较接近，还不如那些名气没它们大的企业给的多，为什么？因为大家的逻辑不一样。大企业的逻辑是，我既给了你工资收入，还给了你一个很好的品牌，为你的职业能力背书。这对于很多人来说还是具有吸引力的，宁可工资少一点，也愿意加入强势品牌。一个愿打，一个愿挨，是符合经济规律的。

但如果仅靠单纯的洗脑，靠所谓的"文化建设"，就让员工心甘情愿地多干活、少拿钱，我觉得这是不现实的。我曾经参加过一个培训，当时一位剑桥的教授讲过一句话，非常触动我。他提到，企业文化是什么呢，就是"控制"。

企业文化有两种，一种叫贴在墙上给人看的文化，一种叫做出来的文化。这两者的差距越小，企业文化越健康，对企业的帮助越大。

这时，可能有人会说："我又不是老板，企业文化和我有半毛钱的关系吗？"关系不要太大哦！为什么有人屡次跳槽都水土不服呢？为什么外企的职业经理人在原来的企业做得很好，"空降"到民企基本上都"死翘翘"呢？不同文化的企业之间的差异就好像大江和大海的区别，把这个池子里活得特别滋润的鱼拎出来，放到另外一个池子里，从咸水变淡水，它可能一下就"死"了，而且"死"得很难看。当然，也有一种鱼是既能在淡水里生存，也能在咸水里生存的，就是我们一直吃的三文鱼，但这种鱼确实很少，能够横跨两种不同企业文化的人也不多。

对于很多人来说，跳槽的时候最看重的就是未来的发展，其他会看行业，看公司，看岗位，看薪水，看老板。这些还不够，还得看文化。我们在一种类型的企业里工作时间越久，换到另外一种不同类型的企业的时候，会发现融入新公司越难。这里给大家提个醒，如果新公司和老公司的类型差异很大，我建议大家提前去找新企业里面的人聊一聊，多问一些细节，这样能够帮助你判断。否则，自己一头扎进去，不适应再出来，付出的成本和代价就比较高了。

说到底，一家企业的文化就是一家企业的脾气秉性，它受很多因素的影响。其中，最重要的是老板的脾气秉性，企业里权力最大的人对于塑造企业文化起到至关重要的作用。

观其言，察其行，即使老板真的能说到做到，他的企业文化也只是开了一个头儿，也要他下面的人一致认可才行。有些老板想出来的企业文化看起来很美，但细想起来很"奇葩"，比如感恩、大爱，还有忠诚，我一直不是很认同这类企业文化。工作本质上就是一个交换，我出卖我的劳动力、知识、体力、经验，换取我的劳动收入，这是一个平等而独立的过程。雇佣和被雇佣的关系，除非老板和员工有其他方面的接触，否则很少会涉及恩情。

简单地说，所谓企业文化，就是共享价值观，而所谓价值观就是要判断对错的标准；是在一个组织里面，一大群人天天一起工作，大家对于某些事有共同认可的对错标准。这不是别人要求的，而是我们所有人自发自愿的。如果大家都认可，而企业也希望发生，这就是一个很好的、向上的价值观，能够帮助企业越做越好。反过来，如果不是，那就是当面一套、背后一套，墙上一套、心里一套。对于我们来说，选一个三观正的企业，是特别需要注意的。

办公环境乌烟瘴气，心平气和与之共存才是聪明人

说到底，人和人之间、团队和团队之间的动态关系，就是职场政治。职场政治没有好坏之分，逃避和对抗的成本都很高，能做到与之心平气和地共存，身处其中，如鱼得水，才是聪明人。

一位朋友说，他是职场新人，工作不久后，就发现公司里的老板们都有自己的利益小团体，几个利益团体之间争名夺利，抢资源、抢功劳。面对这种不好的公司文化，不知道怎么处理。还有一位朋友提到，团队里面好几位前辈对他都不错，但是他们之间有矛盾、有问题，不知道这种情况要怎么处理。

我发现很多朋友会把这种问题定性为职场政治，认为职场政治不是什么好东西，希望尽量能够远离职场政治。在这里，我想给职场政治"翻翻案"，说下我的观点：职场政治不是洪水猛兽，一群人聚在一起做事，诉求可能会不同，因为诉求不同，就会产生在资源、利益和权力分配上的不同意见。这些是规章制度、业务流程没法去约束的，无论你支持还是不支持，是明着反对还是暗着反对，它们看起来就是职场政治。

如果把一个组织看作金字塔的话，从上到下有好多层级，一些优秀的公司表现为，在基层做事情的员工感受不到很强的职场政治氛围。他们只要把手头的事做好，干得漂亮就可以了。那职场政治发生在哪一层呢？往往发生在中高层。处在职场顶端的那些 CEO、CFO 每天处理的大部分都是这种事情。

有一次，公司总部的 CEO 到中国来开员工大会。会场上，一位同事问这位 CEO："能不能讲一下你每天的日常工作都做些什么？我们比较好奇。"当时，这位 CEO 就跟我们讲："每天除了考虑业务上的策略、远景规划、政府关系、董事会等之外，我还花了很多时间在考虑人。比如说，这些人我要怎么去用，怎么去发展，人和人之间、团队和团队之间的关系怎么去处理，这个岗位由谁来做比较合适。"

你看，对于这些高管而言，他们每天工作中想得最多的就是人。说到底，人和人之间、团队和团队之间的动态关系，就是职场政治。那些职场政治比较健康的公司，往往通过两种手段来确保基层做实事的员工不被职场政治打扰：一是建设比较强势的组织文化，比如说组织文化里就严正声明我们拒绝职场政治，如果发生这种事，坚决不容忍，谁出事，谁负责；二是通过大量企业内部的领导力发展的手段和项目，提高中层、高层管理者对职场政治的敏感度，提高他们管理职场政治的能力。

从实践层面来看，两种方法都很管用。我一直认为，对管理者而言，如果他不能把自己层面上的职场政治搞定，而是把它传递下去，就不是一个合格的管理人员。在领导力的能力模型中，有一条叫作政治敏感度，说的就是管理人员能够对于公司内部发生的团队和团队之间、部门和部门之间比较敏感的政治关系，能够意识到并能处理好，我认为还要加上一条，你需要确保你的团队不受这些因素的影响，这才完整。

那些职场政治不健康的公司表现的状态是什么样呢？给大家描绘一个场景。在老板和员工一起开会的时候，每当员工讲完话，他的眼睛都要不由自主地去看一下老板的表情、老板的眼神，为什么呢？因为他要去判断他说的是不是符合老板的心意，能不能得到老板的认同。如果这类情况很普遍，最后就变成员工在讲话、做事情的时候，他考虑的不是怎么把事情做好，而是在做好这件事的同时，还要保证不得罪某些人，不触犯某一个利益群体。更甚一步，有些人宁可不做事，或者宁可把这件事做得不够好，也要确保自己是安全的。这样形成的氛围和公司的组织文化就非常糟糕。这样的公司往往是没有活力的，会让很多职场新人觉得乌烟瘴气，学不到东西。

不过，无论是健康的公司，还是不健康的公司，职场政治其实是逃无可逃、避无可避的，对于我们而言，只能学会与之相处。随着自己工作职责不断地增长，你会不断地融入其中，所以早一点建立对于职场政治的敏感度，学会去管理它，处理好它，这是一种能力。这种能力没有人教，往往是靠自己观察、总结的。

职场政治没有好坏之分，逃避和对抗的成本都很高，能做到与之心平气和地共存，身处其中，如鱼得水，才是聪明人。

主动向老板汇报工作，远离假加班

　　如果老板真的不了解具体情况，觉得加班的同事更勤奋，那怎么办？我的建议就是给老板做工作汇报，做一对一的工作汇报，尽量让老板知道你的工作计划、工作进度。这样，老板就没有太多的顾虑了。

　　一位朋友问："我是职场新人，刚参加工作不久，和另外一个同事合作做项目。现在遇到一个情况，合作的同事白天不正经上班，到了下班时间，就开始假装努力工作，表现得特别勤奋，而我白天把事情都安排好，然后准时下班。这样一来，万一老板觉得那个同事比我工作更努力，对我印象就不好了吗？"

　　俗话说，真的假不了，假的真不了。对于老板来说，他管十几个、几十个，甚至几百个人，每个人具体做多少工作，花多少时间，表现怎么样，他心里应该是有数的，他不说，不代表他不知道。同样的工作量，对于这个员工，白天都搞定了，另外一个员工要白天加晚上，谁的效率高，谁的效率低，一目了然。但如果老板真的不了解具体情况，觉得假加班的同事更勤奋，那该怎么办？

　　我的建议就是给老板做工作汇报，做一对一的工作汇报，尽量让老板知道你的工作计划、工作进度。这样，老板就没有太多的顾虑了。不要等着老板来找你，或等着老板来观察，主动地向老板介绍工作的进度，主动汇报。我觉得，对于一个职场新人来说，养成主动和老板讲工作、寻求建议的习惯，是非常必要的。

当然，也有一些公司虽然已经脱离了创业阶段，但企业初创早期带来的一些勤奋工作、加班加点的文化延续下来，很多人假装在加班，白天不干正经事，拖拖拉拉，到了下班的时候，办公室灯火通明，大家看起来都很努力。老板一眼望过去，可能还觉得大家干劲儿十足，但实际上恰恰相反。如果你加入了一家这样的公司，可以"入乡随俗"，白天的工作做好了，晚上就学习学习，或者跟同事接触一下，为后续的合作打打基础。但不能一直这样做，怎么做呢？我的建议是，用一段时间让你的老板更加清楚地认识你，知道你的工作能力，以及工作态度没有问题。这时候，你就可以大大方方地把工作做好，然后背着包准时下班。

避免"情绪二手烟"

　　心理对于身体是有影响的。要保持身体健康，避开"情绪二手烟"，可以采取三种积极的应对策略：一是创造积极的"抗体"，二是打造自然"免疫力"，三是要给自己积极的心理暗示。

　　有时候我们并不困，但看到别人打了一个哈欠，就会不由自主地跟着打一个哈欠。我一直没有搞明白这是为什么，直到前两天在《哈佛商业评论》上看到了一篇文章。文章说，这是由于我们受到大脑中的一种特殊的神经元——镜像神经元的影响。镜像神经元的发现在心理学上算是一个很重大的突破，人类的很多高级认知功能都受到镜像神经元的影响。而且，镜像神经元和企业里使用的沟通原则、沟通技巧都有联系，因此镜像神经元也被称作神经心理学的 DNA。

　　镜像神经元会带来一个重要反应，那就是我们熟悉的同理心。当人看到别人做出某个行为的时候，镜像神经元就会被激发，给人带来了共情的能力。所谓同理心，就是感受别人的感受的能力。如果这种神经元缺失的话，这个人就会比较冷酷，而且还会患上一种病——自闭症。

我们在企业里做培训的时候，无论是哪个方面，诸如沟通的、销售的、谈判的，会提到一种技术叫镜像技术，也叫调频技术。这个技术说的是当你需要主动和别人建立联系的时候，两个人面对面地沟通，你可以去模仿对方的一些行为举止，比如对方抬起胳膊，你也可以抬起胳膊，对方喝口水，你也喝口水。除此之外，你还可以模仿他讲话的语气、音调，那就是把自己的频率和别人的频率调成一样。

大家可能会有这个感受，那就是当你和一个讲话特别慢的人聊天，尤其你主动想要去接近这个人的时候，你的语速也会慢慢地降下来。这就是因为这种镜像神经元的存在。两人在沟通的时候，身体语言模仿会显得有点生硬，对方能感觉得出来，但是语气、语调特别容易受人影响。就像很多台企里面的大陆员工，他们的讲话腔调，有的时候就特别像台湾的口音。不仅仅是口音会因为镜像神经元的原因受影响，同时情绪也能被感染。

我看到过一组数据，26% 的人看到别人有压力，自己的压力就会慢慢地增加，会有一些生理反应。如果是有亲密关系或者熟悉的人，这个比例甚至会上升到40%。这是因为，人类有感知环境中潜在的威胁的能力。这也可以解释我们工作的时候会身心俱疲。这是因为，心理对于身体是有影响的。换句话说，心理压力会影响到我们的生理健康。每天办公室里面人头攒动，大量的协作、沟通，各种各样的情绪是飘荡在办公室里的，如压抑、紧张、焦虑、愉快等各种各样的情绪。当你希望有一个健康身体的时候，就需要去管理别人对你情绪的影响。就像二手烟一样，坏情绪会不知不觉地渗透到你的身体里，影响你的身体健康，所以我们要像拒绝二手烟一样去主动拒绝有压力的情绪对我们的影响。

最常见的，本来大家很放松，结果董事长走进办公室里，很多人都开始有压力反应了，比如心跳、呼吸都会发生变化。这时，我们就需要像抵抗病毒一样的，建立那么一点点"免疫力"，否则就容易受干扰。

那么，要避开"情绪二手烟"，我们该怎么做呢？应对策略主要有三个。

一是创造积极的"抗体"。

比如，打电话的时候，开头不要说我特别忙，相反的，电话接起来，深深地吸一口气，说"能跟你说说话实在太好了"。

二是打造自然"免疫力"。

"免疫力"的最佳状态叫不以物喜、不以己悲。不管谁站在你面前，不管对面在做什么，那个人在吵架也好，还是在训人也好，对你来说都没有直接的影响，起码保证心情放松、心情愉快，他说的又不是你，对么？而要打造自然"免疫力"，需要建立起强大的自尊心。强大的自尊心会让你面对外界的干扰，就好像你的堤坝很高，外面来的小风小浪、大风大浪都吹不垮你。怎么样培养自尊心呢？就是要锻炼。

三是给自己积极的心理暗示。

比如，每天早上站在镜子前面对自己喊一百句"你是最棒的"。

在工作和生活中，很多人都知道主动避开二手烟，但是对于负面的情绪，对于可能在心理和生理上造成影响的压力，是否能主动地避开，避不开是否能主动管理，却很难把握好相应尺度。因此，学会主动避开"情绪二手烟"就显得特别重要。

慎重填写加班单

加班都是零零散散的，还要不要填写加班单，要求公司支付加班费呢？有两点需要考虑：首先，是否要表明自己的立场和态度；其次，你要考虑这么做之后带来的影响和后果。

一位"90后"的朋友讲了这样一件事："我在一家民企里面工作。公司有规定，每个小时的加班费是10块。说实话，钱给得不多。于是，我就按照规定去填加班单。事情也凑巧，平时加班时间比较长，这次时间没那么长。我把加班单给主管签字的时候，主管看了一眼加班单，然后很鄙视地说了一句：'一个小时的加班你也写？'"这位朋友后来把单子拿回来了。结果呢？他的主管觉得受到了冒犯。后来，事情就变得有点麻烦，双方都觉得疙疙瘩瘩，很别扭。

企业里虽然有明确的规章制度，但在实际工作中还有一些潜在的规则。加班费这件事，我以前也碰到过类似的情况。举个例子。有次开会的时候，部门经理说本部门某个团队的主管管不好他的团队。什么原因呢？因为他那边的加班都是零零散散的，员工加一点班，就很较真地把加班费提出来。我一听觉得有点奇怪，员工加班，提加班费很正常呀。后来，和其他团队的人接触之后，我发现其他团队也在加班，他们没有填加班单。因为他们的主管为了规避自己的团队加班太多，给员工安排工作时比较灵活，如果有零星加班，就可以早点下班，晚点上班，或者累计起来，调休。

这样一来，既对员工加班进行了补偿，又为公司节约了成本。当一堆人这样做的时候，这种做法就变成一个大家心照不宣的"潜规则"了。这对于新人来说其实不太公平。很多人会想："谁知道你们怎么规定的，我觉得我有贡献，我就应该去拿加班费。"于是，双方就出现了冲突。

如果你也像上面这位朋友一样，需要面对类似的问题，有两点需要考虑：首先，是否要表明自己的立场和态度；其次，要考虑这么做之后带来的影响和后果。

对此，不同的人有不同的选择。比如，上面这位朋友选择了表明自己的观点和态度，对于后面可能的影响和后果没想太多。有的人可能考虑长期的影响，不表达自己的观点态度。

那么，到底怎么做更好？选择前者，表明自己的观点、立场，不考虑后面的长期影响。这样做，很容易变成一个在团队里特立独行的人，大家会觉得这个人很怪，想法也很怪，斤斤计较等各种评语也会冒出来。也有另外一些所谓灵活的人，放弃表达观点立场，最后变成一个完全没有立场的墙头草。

其实，这两种办法之间一定有一个平衡点，两边都能兼顾，但却不容易做到。兼顾的关键是放低姿态，用软性沟通的技巧，来降低长期的影响。但是，说起来容易，做起来难。因为你有情绪，觉得自己是有道理的，没有心情用什么软性技巧，但有的人就能做到。

这样的人情商很高，他可以用嬉皮笑脸的方式和老板去商量，最后他实现了自己的目的，而且也表明了自己的原则和立场。

在职场里，我们常面临着很多选择。我一直提倡要做一个好人，但不要做一个"老好人"或者"滥好人"。那么，什么是"滥好人"呢？往往是失去了自己立场、观点和方法的人，这就是一个"滥好人"。没有自己的主观判断，仅仅立场坚定是不够的。我希望看到职场新人不要被磨去棱角，但要慢慢地学会方法，外圆内方。内心很坚定，有自己的理想信念，同时也能够很灵活，会用软性的技巧去应对纷繁复杂的职场。

职场中，塑造干练体面的职业形象很重要

个人形象是什么？就是你的隐形职场名片。在职场上比较成功的人都比较在乎各个方面的小细节。要让别人看到你干练体面的职业形象，从头到脚，从头发到手帕，再到你的办公桌。

某次，我去复旦大学给留学生做了一个讲座，主题是中西方文化差异。有意思的是，这些留学生不约而同地都提到了面子和关系。

我跟留学生讲，中国的商业社会更迭是非常快的，现在的商业精英做生意，也不一定完全是按照原来的套路来的，尤其在新兴行业里面。不能拿二三十年前的老规矩，去判断现在的中国商业环境，要与时俱进。

但是，有一位留学生提到了他观察到的一个现象，让我觉得很有道理。他说，中国人都很在乎面子，但是为什么有一些人不修边幅。在他看来，所谓不修边幅，是指着装不得体，不注意个人形象，头发乱蓬蓬，鞋子黑乎乎的。

他的话让我想起十多年前在一家公司里的情形。那时，公司员工构成比较复杂，有中国人、菲律宾人、马来西亚人，还有来自欧

美国家的人。亚洲籍员工虽然都是黑眼睛黑头发黄皮肤，但把他们分辨出来很容易。为什么呢？最主要就是看他的着装，尤其是看他的头发。当时，办公室的隔间比较高，大概有一米六到一米七的样子，坐在那里面，只能看到露出的半个脑袋，但是分出中国员工和外籍员工并不难，因为特征特别明显。

马来西亚人特别喜欢用啫喱水，把头发弄得硬邦邦的，像个硬壳一样，而且是亮闪闪的。新加坡人也有这个特点。来自香港地区的同事不太喜欢染头发，他们年龄稍微大一点，就可以看到灰白头发。而很多来自内地的同事的典型形象是头发压得一边倒，乱蓬蓬的，像个鸡窝一样，尤其在早上。

在当时，我没有觉得有什么不好。后来，有机会去别的国家和地区，观察他们那里的上班族，发现差别还是挺大的。比如，在香港地区，到了上班时间，地铁里面汹涌而出的人群，不管男女老幼，衣着都很得体，很合身，形象看起来很干练。再看内地，尽管已经有了一些进步，早上总有一些人一手拿着一个包，或者背着双肩包，一手拿着豆浆、烧饼吃，戴着耳机看手机。

个人形象是什么？就是你的隐形职场名片。给马上要参加工作，或者刚刚毕业的大学生朋友们提点建议，主要是给男孩子。

第一个建议是关于头发的。我的建议是稍微用一点啫喱水，不过也不要大量地用，好像头顶着一个大硬壳，这反倒过犹不及了。如果喜欢染发，你可以先进办公室里面看一下所有人的头发颜色，再决定你的头发颜色。

第二个建议，准备一块小手帕。在国内的办公室，我很少看到男生用手帕。其实，手帕用途很广泛，擦眼镜、打喷嚏、擦鼻涕都可以用到。很多时候，我看到的是纸巾。有人嫌纸巾包太厚，就拿一两张放在口袋里，结果拿出来变得皱皱巴巴的；或者拿出一个纸团，展开之后用过再团起来，这感觉实在太糟糕。在一些比较讲究个人形象的行业，比如银行业、投资业，它们的从业人员有时会同时带两块手帕在身上，左边口袋一块，右边口袋一块。其中一块是给自己用的，另外一块给谁呢？给女士用。

十几年前，我和两个顾问在上海新天地吃饭。上菜之后，大家先谈事情，谈着谈着，其中一个顾问对着一桌的菜打了个大喷嚏，我们当时全傻掉了，非常尴尬。后来，大家就基本不吃了，一直在喝茶。这件事情给我的印象非常深刻。很多小的细节都是职业素养的一部分。如果不注意，有可能就砸掉一个单子。

再说一个细节方面的例子。有一次，我乘出租车外出办事。出租车的司机留着非常长的指甲，在等红灯的时候，他不停地弹指甲。当时，我全身的汗毛都立起来了，实在是没法忍受，就跟那个司机讲："能不能不弹手指头，实在受不了。"后来，在招聘的时候，我偶尔能看到有的男性应聘者小手指留着长长的指甲。每次看到，我都不由自主地难受一下。

以上关注的重点都是男同学。接下来，我们再来看看女同学。那么，对于女同学来说，同样是隐形的名片，需要更加注意哪些方面呢？办公桌是其中非常重要的一个方面。

在美国，每年的1月13日叫"清理你的办公桌节"。某机构曾对2600名职业经理人做过一个调查，其中48%的受访者认为，自己的桌面虽然很乱，但是能迅速找到东西。显然大多数的职场人已经习惯于随便去找，但是问题来了：你不在乎，有人会在乎。如果在乎的人位置很关键，而且他不问你，只是通过看你办公桌脏乱差的程度，来判断你这个人，就麻烦了，这有多冤枉。

很多企业的生产制造部门都有一个5S现场管理的要求。5S是由日本引入的，分别是指整理、整顿、清洁、清扫和修养。理论的发明者认为，要定时地去整理、清扫你的工作环境，并把做事和修养联系在一起。5S在很多工厂有明确的要求，而且有专门的培训和考试，但在办公室里，没人管这件事，于是办公室就变成了大家的自由展示区。很多人的办公桌上基本能看到生活里面需要的所有东西，吃的、喝的、玩的、化妆的，甚至有宠物箱子，各式各样。

办公桌是你在工作场所里的一张隐形名片。很多人穿得光鲜亮丽，但一看她的办公桌，就觉得这张桌子不属于这个人，尤其是一些美女级同事，简直惨不忍睹。

我经常看到，很多女同事把家里的鞋带三五双放到办公室，在办公室的时候穿一双比较宽松的鞋，出去开会换一双，中午吃饭可能又换一双。结果，她桌子底下的鞋盒子一堆。我有一个同事史牛，她甚至买了一个鞋架子放在桌子下面。再加上各种网上买东西剩下的空箱子，她平时坐下来的时候，是要用眼睛盯着看才能挤进去的。没办法，东西太多了。

此外，我在同事的办公桌上经常能看到吃剩的半个苹果、包子之类的东西。有的人出差，一去两三天，回来之后都有味道了。海尔在公司内部曾提出一个口号叫作"日事日毕，日清日高"，我觉得这口号其实也挺适合于我们每一个人，每天离开公司之前，把自己的桌子稍微收拾一下，该锁的锁起来，该放的放起来，该归类的归类，稍微摆得整齐一点儿。

说到整理办公桌，我有几个小建议：首先，根据用具的使用频率，给它们分类，贴上红绿黄的标签。比如说，红色的表示紧急、经常用的，绿色的就是长期存档。一眼望过去，你就知道哪些东西大概有什么用途。其次，一般办公抽屉都有上中下三层，你可以把最常用的放在最上面一层，最不常用的放在最下面一层。这就是一个很好的工作习惯。

办公桌是你在公共场所里的私人空间、私人领地，你怎么去安排它，完全是你自己的决定，但与此同时，那也是你的个人展示区。因为职业上比较成功的或者说发展得比较好的人，他们都比较在乎各个方面的小细节。

人在职场，需要给别人看到你干练体面的职业形象，从头到脚，从头发到手帕，再到你的办公桌。

成熟才是职场魅力的底色

一个人的成长、成熟就是不断社会化的过程。一个
人的社会化程度越高，他的成熟度也就越高。有感受他
人的能力，同样是成熟的表现。在职场里，面试官通常
会非常关注候选人的成熟度。

有一次，我和一位以前的同事聊天。他提到最近公司效益不好，
公司也比较折腾，有一些人离开公司了，等等。当时，我从心底里
不由自主地涌起一种快感。下一刻，我立刻意识到这种反应不对，
人家好不好和你有什么关系，你已经离开公司了。后来，我又在思考：
这是什么原因呢？为什么我会有这种感觉、这种情绪呢？

这应该跟我们之前一直在辩论的人性有关系。人性有善的一面，
也有恶的一面。关于人性的弱点，佛家叫作贪嗔痴慢疑，俗家叫作
羡慕嫉妒恨。当看到别人比你好，做得比你成功的时候，不少人会
不由自主地从心底涌出一些情绪，只是有人能够管好这些情绪，有
人则做不好，因为心智成熟度不同。正因为心智成熟度不同，二者
的差别也就出来了。

以前看过这样一句话：所谓幼稚，就是既憋不住尿，又憋不住话；

所谓不成熟，就是能够憋得住尿，但是憋不住话；所谓成熟，就是又能憋得住尿，又能憋得住话。其实，这句话有一定的道理，尽管只是一种比喻的说法。

不过，如果从心理层面来分析成熟的话，我觉得可以从"由内向外"和"由外向内"两个角度入手。

由内向外看成熟

人的心理认知结构有点像金字塔，最下层是自我认知。自我认知包括了你认为自己是什么样的人。每个人对自己都有一个自我认知，别人也会对你有一个认知。当你的认知和别人的认知发生冲突时，你可能会抵触，会反感。比如，在我的自我认知中，我是一个善良的人。我对善良有我的理解，我做到了，我认为自己就是一个善良的人。但别人的理解和我的可能不一样，我的行为在别人的眼中，可能就是一个冷酷的人。

对于成熟的人来说，当别人的认知和他的认知发生冲突的时候，他能够坦然地接受，起码不会在第一时间像点燃的炸药桶一样爆发。而有一些职场新人，他们受不得批评，被说两句脸就通红，再说两句眼睛就飙泪了，或者就不干了。这就是不成熟的表现。

自我认知还包括对于自己的能力范围有合理的认知，制定合理的目标。比如，我看到某些电视创业大赛的选手给自己制定的目标是成为世界首富，要颠覆淘宝，颠覆微信。这叫作目标远大吗？在我看来，这叫缺乏自知之明。再如，某家名企曾经录用过一个年轻的研究生。他入职不到一个月，就写了一篇洋洋万言的建议书。很快，这位研究生就被辞退了。这是什么原因呢？企业对员工是有一个定位的，员工对自己也是有一个定位的，当这两个定位发生冲突的时候，而且冲突很激烈，就会一拍两散。

知人者智，自知者明。了解自己其实是一件挺难的事情，再上一个台阶，管好自己，更不容易。家里有小朋友的朋友可能会有很深的感触：小朋友表达情绪是非常直接的，哭和笑转化得很快，前几分钟还在哭，一扭头就能笑。小汪在读幼儿园的时候，有一个同学，耳朵被另外一个小朋友给咬坏了。倒不是因为俩小孩打架，而是那个小朋友特别喜欢这个小朋友，他的表达方式就是冲过去，对着耳朵咬一口。

一个人的成长过程其实就是不断地管理自己的过程。人成长的过程像一条曲线，总有人跑得快一点，他的成熟度就高一点，留在后面的，很多就成了"愤青"（愤怒的青年）了。当然，在中年人和老年人中间，"愤中"（愤怒的中年）和"愤老"（愤怒的老年）也有一定的比例。

成熟度高的人还有一个特点，那就是能够在错误中学习。当发现自己犯了错，他不会发牢骚，而是想办法去解决。这是一种难得的特质，因为我们周围有太多怨天怨地的人，而积极去解决问题的人总是那么少。

由内向外还有一个角度，就是一个人看待世界的方式，是一个角度还是多个角度。家里有小朋友的，你会发现当他和大人一起吃饭的时候，有时候看到桌上有一个花瓶或者糖罐，他会尝试着去抓这个东西，大人们都很紧张，为什么呢？因为在小朋友的眼里面，他只看到了这么一样东西，其他东西都被忽略了，但是对于成年人来说则不同。成年人是多点观察，而小孩是单点观察。成熟度高的人能够用多个角度看待问题。

由外向内看成熟

人是社会性的动物。一个人的成长、成熟就是不断社会化的过程，一个人的社会化程度越高，他的成熟度也就越高。如果我们拿小朋友来做样本的话，很多细节都能看得出来。比如说，如果你问小孩喜欢什么样的人，他会告诉你，喜欢好人。因为他们的世界里只有两类人，一类叫好人，一类叫坏人。这是非常典型的黑白思维。

但是，世界实在太复杂，很难用二分法一刀切，而且价值体系本身就是多维的，除了白和黑，还有它们之间的灰色地带。当一个人开始接触灰色地带的时候，他的价值体系就开始变得丰满起来，他的成熟度也就提高了。前段时间有件轰动一时的离婚案，当事双方是各自所在领域的知名人士。有意思的是，双方各自所在的领域在评价这件事的时候，风向完全不同。为什么呢？

一个很重要的原因就是一个圈子有一个圈子共同认知的标准，或者说价值判断。这两个圈子的价值判断可能不一样。他们碰在一块儿的时候就可能会发生冲突。这话说起来挺拗口，换成通俗的话来说，就是门当户对很重要。门不当户不对，两个人的价值体系、判断标准可能都不一样，就会有剧烈的冲突。

而要避免这种冲突，还需要双方具有同理心。具有同理心也是成熟度高的人的一个重要特点。我以前每天上班的时候都会去星巴克买咖啡，每天早上只要站在星巴克的店员面前，他一定会说一段话，介绍新的咖啡，问要不要办卡，等等。那段话我每天都听一遍，听得很烦，有一次忍不住，差点儿打断他，但是突然间我意识到，我都这样烦，他不更烦吗？

我每天听一遍，店员每天可能要讲一百遍、一千遍。这件事情我后来反思了一下，觉得当时阻止我发火的，就是同理心。能够感受到对方的感受的能力，就是同理心。不以自己为中心，有感受他人的能力，这同样是成熟的表现。

在职场里，面试官通常会非常关注候选人的成熟度。在生活中，交朋友或找生活伴侣时，我们也会被一个人的魅力吸引。成熟度高了，魅力值就会相应地提高，光靠颜值是不够的。再漂亮的一张脸，熟悉之后，很快就变得不再那么吸引人了。长久的魅力来自于成熟，颜值只是一张名片，它能引人进门，但能不能留得住人，还要看是不是成熟。

第

05

章

如何处理那些
让人头疼的同事关系

任何人在公司里都有一定的职责，都有自己要扮演的角色。他在做事情的时候，需要有自己的判断。当和别人判断不同时，要去争取，要表达自己的意见，展示自己的判断。如果选择做"老好人"，就会退缩，失掉自己的立场和原则。

与"奇葩"同事的相处之道

"奇葩"同事带来的困扰总是要解决的。到底怎么做才好呢？第一招，把"奇葩"同事的价值发挥到最大；第二招，主动去接近"奇葩"同事；第三招，在适当的时候为自己说话。

一个朋友讲他办公室里的"奇葩"：一个男孩子特别喜欢吃零食，在办公室里一直吃东西，咔嚓咔嚓地响，天天吃，后来他周围的人受不了，跑去跟他讲："能不能不吃？或者吃一些安静点的东西？"那同事说："你们为什么不戴上耳机呢？"周围的同事全被他的回答"雷"到了，一种深深的无力感油然而生。有些人确实行为很"奇葩"，他的一句话就能让你无言以对，一句话就把你放倒。

如何才能和"奇葩"同事相处呢？在回答这个问题之前，先说一下什么叫"奇葩"。"奇葩"本身并不是一个贬义词，"奇葩"是相对而言的，简单来说就是"萝卜白菜，各有所爱"。我们眼中的"奇葩"同事，可能在别人眼中就是一个好青年，而且说不定，我们在人家眼里面还是"奇葩"。所以，所谓"奇葩"只表示人和人的不同。

但是，确实存在着这么一类人，他们的行为确实让大部分人觉得"奇葩"。下面我们就分析一下，"奇葩"产生的原因到底是什么。我们曾经谈到过一个话题，叫作"生活在别人的世界里"，我觉得产生"奇葩"的第一个重要原因就是，他生活在自己的世界里，他只在乎自己，不太关心别人怎么看他，别人怎么去评价他。

如果你身边就有这么一位"奇葩"同事的话，估计很多人会这样评价他，说他三观不正。哪三观呢？人生观、世界观和价值观。他的价值判断标准和别人不一样。怎么看待一件事，好与不好、对与不对，不同的人标准不同。大部分的人标准差异不大，但可能"奇葩"的价值判断标准和其他人比起来差异很大，或者非常高，或者非常低。这就是"奇葩"产生的第二个重要原因。

除此之外，"奇葩"产生还有第三种可能。同样一个标准，在这群人里面是好的典型，但在另一群人里面可能就是坏的典型。举个例子，我们在内地，如果你看到马路边上或地铁里有人在蹲着的话，你不会觉得那么奇怪。但是，如果你到了香港，再看见有人在地铁里蹲着，就会觉得别扭得很，甚至觉得此人素质有问题。在不同地方，出现这两种不同的见解是很正常的。原因很简单，大家依据的标准不同！

当然，在这里我不是要给"奇葩""翻案"，而是需要承认，所谓"奇葩"，是相对而言的。如果一个人不符合他周围大部分人的判断标准，在其他人眼中，他就是个"奇葩"。但如果你把他放在另外一个环境、另外一种文化里，有可能就不一样了。

无论"奇葩"对错，"奇葩"同事带来的困扰总是要解决的。到底怎么做才好呢？

第一招，把"奇葩"同事的价值发挥到最大。

如果你身边有一个特别和别人不一样的样本（我用"样本"这个词，就是把他当成一个实验对象），没事就分析一下，他为什么会这么想。这样，"奇葩"同事带给你的就不是困扰，而是好奇。你会觉得这个人挺有意思，值得去分析一下。

如果真的能够分析出个一二三出来，你就可以预测，再遇到这类人、这种事该怎么办。慢慢地，就培养出对人的洞察力了。我们有时候会夸一个人看人准，所谓的"看人准"，就是说他对人有洞察力。洞察力每个人都需要，因为随着时间的推移，很多人要带团队，要招人，管理人。洞察力会在很大程度上帮他们把这件事做得更好，而洞察力又不是那么容易培养的，所以能早培养就早培养。

第二招，主动去接近"奇葩"同事。

大家可以尝试一下主动去接近"奇葩"同事。一般来说，众人眼里的"奇葩"，往往是独来独往的，其他人跟他关系疏远，没有人愿意搭理。这时，如果你愿意主动去接近他，多了解他，没准就能交到一个朋友，多一个看待世界的角度。

第三招，在适当的时候为自己说话。

在工作中，偶尔会和同事闹矛盾，好多人都认为，"我和某个同事关系不好，我不能让别人知道，我起码不能让我的老板知道。因为老板知道了，可能会觉得我们不团结，可能会对我有什么看法"。但是，如果和同事的关系不好，到了某一个时间可能会爆发，会变成一场吵架、一次冲突。老板并不知道你们是经历几年时间的积累，最后才出现问题的，他可能会各打五十大板。

如何才能摆脱这种尴尬局面呢？提前主动把你的苦恼和老板讲

一讲。我们在以前提到过，管理老板的一个技巧就是建立和老板的信任关系。怎么样建立信任关系呢？说说心里话。如果办公室里真的有一个同事让你觉得特别难受，你又不得不和这个人打交道，以至于影响到你的绩效了，影响到你的发展了，那你可以私下里找一个合适的机会，用一种比较合适的方法和老板去讲，但不是背后告状。背后告状是有问题的，你只是客观陈述事实。有一个小技巧，可以说这是你的苦恼，问问老板有什么办法没有，也就是把这个"球"踢给老板，让老板帮助你解决这个问题。但是，在讲的时候，不要讲太多负面的、情绪化的判断。

和爱出风头的同事相处，调整心态很重要

如何与爱出风头的同事相处呢？两个原则，一是不以物喜，不以己悲，即不要受自己情绪的影响；二是有了问题照镜子，有了成绩看窗外，即不要在别人身上找问题。

一位朋友问我："我身边有一些同事特别爱出风头，觉得很烦，不知道怎么和这样的人相处。"如何与爱出风头的同事相处，是个普遍性问题，而且是个不容易解决的问题。正因为其普遍，它还出现在 2001 年某市公务员招聘考试当中。

那么，到底该如何与爱出风头的同事相处呢？有两个原则，第一个，不以物喜，不以己悲，来自于范仲淹。意思就是不要受外界的干扰好好干活，不要因私废公，不要受到自己情绪的影响。第二个，有了问题照镜子，有了成绩看窗外。意思就是当你遇到了一些困难的时候，不要在别人身上找问题，而是要看看自己哪个地方没有做好。比如，别人抢风头，想一想自己是不是在沟通上做得不够到位，不够主动。

不过，这两个原则解释起来并不难，做起来确实不太容易。下

面我就来讲讲这两个原则如何实施。

一般来说，当别人在你面前出风头时，你会觉得不舒服，这其实是你内心深处的羡慕嫉妒恨在作怪。在潜意识里，你也想出风头，只不过别人抢在你前面了，或者他做得比你好，你才会感觉到不舒服。要知道，最难面对的，就是我们自己真实的想法。潜意识对我们的影响很大，甚至起了决定性作用，但这种影响是悄悄进行的。

到底什么是潜意识呢？心理学家认为，人的行为是受到一些因素影响的。为了更好地进行说明，他们启用了冰山模型。在这个模型中，行为就是大家能看得到的，在水面以上的。再往下是意识层面，只有自己能看得到，就是说，你是通过你的思考、你的逻辑判断得出来的结论；还有一部分自己都看不到的，我们把这种东西称为潜意识，再往下还有一层叫作集体潜意识。

回到刚才的情境，当你觉得不舒服的时候，到底是什么样的潜意识在起作用？在潜意识层面里，有两样非常关键的东西，一样叫作本能，一样叫作信念。我们绝大多数人都能够意识到，在职场中，自己和同事之间存在着一种既合作又竞争的关系，资源是有限的，别人抢到了，自己自然就抢不到了。所以，当别人在你面前抢风头的时候，你感觉到的是一种威胁，你会有一种本能的、保护自己的冲动。职场上抢风头的行为，潜意识会把它解释为一种攻击行为，这是你对我的攻击。

沿着这个逻辑再往前走一步的话，"信念"就跳出来了。如果把职场上的隐性竞争当成一场比赛的话，谁是裁判？老板当然是裁判。所有人的努力，都是为了从老板那里争取升职、加薪、发展的机会。

我们来问自己一个问题：我们凭什么认为同事在老板面前出了

风头、抢了功劳，老板就会买账呢？这件事可能很多人都没有想过，但是他会下意识地认为，应该就是这样，这是什么呢？这就是信念，但这种信念可能是不对的。因为老板也分很多种。有的老板当年可能和我们现在的情况一样，也是受尽了委屈，看着他的同事在抢功劳，自己特别不舒服，终于现在自己可以做主了，看到自己的团队里面有这种显摆或者抢功劳的情况，会勾起他当年的痛苦回忆，他也会不舒服。如果是这样的老板，你就根本不用担心，因为同事越这样做，老板越不喜欢他。

还有一种老板，他当年就是和你抢风头的同事一样，他会很欣赏你同事的表现。如果是这种情况，你就要反问自己了，为什么自己不去做。再者，同样是抢功劳，在那些主动曝光的人眼里，他觉得这不叫抢风头，而是自我表现。他会说："你行你来啊，如果不行，就不要叽叽歪歪的。"怎么办？

如果换成我的话，我会这么办：如果这件事情确实是我做的，是我的功劳，我肯定不会轻易放弃的，该抢我也去抢。如果抢不过的话，我就跟别人学一下，看他是怎么抢的，他在什么时机讲的话，他是怎么讲的，有什么技巧，这次没抢着，下次我主动去抢。如果这件事根本不值得去抢，那就不要太在乎了。关注外界的环境越多，带给自己的噪音越大，适当地选择生活在自己的世界里，别人吵闹，就让他吵闹去吧。

旁边的同事有口臭，相处对策是"动手动脚"

旁边的同事有口臭，如何选择合适的方式、合适的场合解决这个问题呢？有两个基本原则：一是观点要清晰明确，不要含含糊糊地让对方去猜；二是讲究方式方法，最好是轻描淡写的。

前两天和一个朋友闲聊，他提到了一个烦恼：他们办公室是开放性办公室，中间没有隔间，每个人坐得都很近。离他不远的一位男同事，小伙子身体特棒，汗腺挺发达的，尤其腋下汗味每天往外发散，狐臭很严重。坐在小伙子周围的同事深受其害。大家又抹不开面子去讲，低头不见抬头见的，又不能把人赶走，于是各出奇招，有人多喷香水，有人带来空气清新剂。小伙子一离开座位，一群人就开始猛喷一顿。这让我想起以前的一位同事，口气很重，早上碰到他，讲几句话都能让我窒息。

怎么办？我给大家支几招。简单地说，叫作"动手动脚"。

先来说"动手"。我以前在办公桌上经常摆口香糖。不光是口香糖，我还喜欢摆些硬的水果糖，那种水果糖吃进去以后，会散发出水果的芬芳。一般遇到这种"选手"，我就拿一颗水果糖不经意地问："来一颗？"这就是所谓的"动手"。

再来说"动脚"。怎么"动脚"呢？你站起来，对他说："咱们找一个安静的地方聊。"这时候，你就占据了主动。把他带到会议室之后，让他先坐下，之后，你再选一个离他比较远的位置，头扭向一边，跟他去聊。

此外，还可以暗示他，比如大家在朋友圈里经常晒一晒相关的帖子，类似的技巧，怎么去狐臭、口臭，对方看到了，可能会自己意识到。

上面说的办法都是在绕路走，没有直面这个问题的根本，接下来，说个"狠"办法。狠在哪里呢？对自己狠一些！很多人面皮薄，有些话不好意思说出口，担心别人下不了台，觉得很尴尬，但可能是他们自己想得过于严重了，用合适的方式，选择合适的场合讲出来，可能问题就会迎刃而解。

这时，你需要把握两个基本原则。第一，观点一定要清晰、明确。既然要讲，你就要把话讲清楚、讲透，不要含含糊糊地让对方去猜，猜反倒会引起误解。第二，讲究方式方法。最好是讲得轻描淡写，不是那么正式，甚至加一点幽默，一点自嘲，这是最好的。还有，要尽量从关心对方的角度，站在对方的角度来说这件事。

比如，我旁边工位就坐着这么一位口气比较重的同事，他自己也没有意识到，我被熏得已经不行了。怎么办呢？我会说："我最近发现你好像火气比较大。"他可能会问你是怎么知道的。我会接着说："看嘴巴啊。我发现你这两天口气比较重，我建议你是不是去吃一点消火之类的药？多吃一点素食？"最大程度上让对方觉得舒服一点，他的接受度就会高一点。如果你特别硬邦邦、特别直接地提及这个情况，对方可能先有一个防御心理，他会辩解，这就不是解决问题的套路。

就像走远路，当鞋里面有一粒沙子时，总会让人觉得特别难受一样，有问题忍着不去解决，随着时间的推移，耐心会越来越低，越来越受不了。有的时候，还会爆发一场冲突，一场矛盾。其实不用忍，如果你真的觉得它是一个问题的话，就直面问题，这也是锻炼自己的一个机会。

搞定办公室里的"老烟枪"

如何搞定办公室里的"老烟枪"呢？除了团结大多数不吸烟的人、形成"吸烟有害健康"的共识之外，还有一个办法——主动行动起来为"老烟枪"创造舒适区，慢慢引导他们远离不吸烟的人。

淡如清茶提出来一个难题："办公室里面有人抽烟，烟味经常顺着他的门缝飘到我这边来，问题是这位还是我的老板，怎么办呢？"先说怎么看待这些办公室里的"老烟枪"。很多人认为，他们只考虑自己，不考虑别人，非常自私，非常以自我为中心。这么想很正常，如果你这么定位他，那么你对他的态度、你的讲话方式，甚至说得夸张一点，你看他的眼神都是看自私鬼的眼神，你们之间发生冲突的概率也一路飙升。极端情况下，有吵架的，甚至有辞职的。

话说回来，应该怎么看待这些"老烟枪"呢？你要把他们当作什么呢？当作病人！需要我们同情的病人！因为烟瘾真的是一种病，叫作尼古丁依赖症。抽烟的整个过程，动作非常连贯，它是一种仪式，大量重复会培养出仪式感。

当一组动作反复地重复就会形成一个习惯，重复这个习惯就会给他们自己一种心理满足。这也是一种病，有病就要治。当我们怀抱一种同情的目光看着那些"老烟枪"的时候，就不至于非常抵触了，因为你的目光不是看自私鬼的目光了，而是看病人的目光了。

解决了如何看待的问题，我们再来分析一下，吸烟到底是一个人的事，还是一群人的事。很多人说是一个人的事，或者几个"烟枪"的事，我觉得不是。就像前面说的，大家其实对于同一件事的对错是有判断标准的。当一群人关于对错的判断标准非常接近或比较一致时，一种文化就形成了。同样，在办公室里，抽烟对与不对，其实也是一种文化。如果把办公室里的同事分成几类，你会发现有人觉得对，有人觉得不对，有人觉得无所谓。怎么办呢？要统一思想。用文化建设的办法来把大家的思想统一。文化要靠软性的手段，靠的是拉的力量，而不是推的力量。推是靠制度约束，拉是靠吸引，靠榜样的力量，鼓励对的，惩罚错的，要靠引导。

那怎样才能让大家对于抽烟这件事的对错的判断标准变得更加清晰呢？在墙上贴海报？一点用都没有。我有一个建议——请一些医生、健康专家到办公室里来给大家免费做讲座。我估计有人听，有人不听，有人能听得进去，有人听不进去。没有关系，咱们慢慢讲，讲一讲吸烟对于健康的危害，让大部分人变得对这个东西比较敏感。

然后，我们需要把其中摇摆不定的那一类人争取过来，同时让本来就对吸烟反感的人反对的态度更坚决。有可能在讲座中会出现这么一个场景，有人只要一提说咱们办公室里的烟味太大，一定会有人说咱们得想办法，没想到对健康危害这么大。这就叫形成共识，避免了你做那个被枪打的"出头鸟"。

除了团结大多数、形成共识之外，还有一个办法——主动行动起来为"老烟枪"创造舒适区。这个办法是从人类驯猫的经验中得到的灵感。猫在世界上已经陪伴了人类3500年。很多养猫的人都头疼猫的大小便问题。怎么解决？首先要考虑猫有什么需求，你满足它的需求的同时，引导它按照你的希望大小便。猫喜欢什么呢？它喜欢角落，喜欢安全，喜欢黑暗，那你就让它舒服。所以，很多人在驯猫的时候，弄一个小盆，里面放有猫砂，给它放到一个角落里，不受干扰，在里面放一点点猫的大小便，给它创造一个安全的舒适的环境，而且熟悉的味道，猫就老老实实地过去大小便。

那这个办法怎么用在"老烟枪"的身上？所谓堵不如疏，我们可以在办公室里面专门设置一个吸烟区，摆上那么几把椅子，放上烟灰缸，让他舒舒服服地吸烟。同时，我们来分析一下"老烟枪"的需求，吸烟能满足人的什么需求呢？有的是生理需求，有的是心理需求。他需要聊天，需要休息，需要放松。那我们就给他创造这么一个让他特别舒服、特别放松，而且可以聊天的环境，这就简单了。慢慢地，把他吸引到吸烟区，如果你没法一下把它禁止掉，可以试试这个疏导的办法。慢慢地，就把吸烟的这部分人剥离出去了。

要不要继续跟不受领导欢迎的同事当"饭搭子"

跟不受领导欢迎的同事当"饭搭子"会不会让领导误会呢？你只要展示出你自己是什么样子的给他们看就好了。在工作中，适当地展示一下自己的观点、态度，这种误会就不会出现了。

一位朋友提了个问题："我和一个同事的关系不错，每天中午一起去吃饭，但是他和很多领导关系都不好，我该怎么做？"

其实，这是两方面的问题。先说第一个。关于和谁吃饭的问题，我发现公司里面有一些年轻的同事，尤其是一些女孩子，每到中午的时候都要手拉手一起去吃饭，有些人是因为每天带饭，所以"饭搭子"是固定的，这样好不好呢？我觉得不是很好。下面来说一下原因。

工作会为我们带来两类资源，第一类是显性资源，能看得到摸得着；第二类是隐性资源，看不见也摸不着。显性资源的价值我们都知道，你的工资收入可以带来高质量的物质生活，你的岗位给你带来一定的社会地位。隐性资源的价值可能很多人就不一定那么留心和注意了。比如说，因为你做了这份工作，所以你能够接触到行业里很多有经验、有影响力的人。这些人包括你的同事、领导、客户，或者是供应商等。

举个例子。记者因为能够接触到各行各业的人，很多在社会上都是有一定影响力的。所以，他需要去找一些素材，去找一些人，去做一些事时，能够获得很大的助益。这就是工作的隐性资源带来的巨大价值。实际上，隐性资源对我们来说是一笔巨大的财富，但前提是我们要能够看到它。挖掘隐性资源就像挖矿一样，而且挖出来之后，还要去维持和维护。

还有一类隐性资源，与你所从事的行业密切相关。因为你做了这个行业，对这个行业有非常深入的了解，你知道了这个行业里面的一些没印在教科书上、没印在文档上的操作办法等。这些也属于隐性资源的范畴。

让我们再回到第一个问题。和谁吃饭实际上是一种职场社交。管理职场社交也有主动和被动两种态度。什么是被动的态度呢？是指你和他工作上有了交集，比如两人同时做一个项目，你就认识这位同事了，可能偶尔会吃一顿饭，后来慢慢地熟悉起来。这个过程可能要花掉你一年的时间。用这样的方式，在一家几百人的公司里工作几年，你只会和其中的几十个人比较熟，有比较密切的合作关系，其他的人只是点头之交，面熟而已。

什么是主动的态度呢？是指你能够积极地挖掘那些对你有价值、有帮助的职场社交圈资源，能够主动去注意周围的人，分清哪些人是可以给你带来帮助，哪些人是可以让你从他身上学到一些东西的。此外，主动的态度还有两种极端做法：一种表现为"你对我有价值，我理你；你对我没好处，我不理你"，只对老板和公司的红人露出笑脸，每天围着这样的人转，这叫作功利世故；另一种表现为每天只找固定的"饭搭子"手拉手吃饭，其他的人如果没有工作关系，不去找他。

问题来了，到底采取哪种做法才对？我一直说，在工作环境里，很多东西没有绝对的对错。想清楚了，知道了其中的利害关系，最后是你的选择。没有人会逼着你一定要这样做或者一定要那样做。但是，你可以尝试着去判断，如果这样做了会怎么样，如果那样做了会怎么样，接下来再做决定。因为你是成年人，你需要自己去做判断。

再来看第二个问题"工作中的好朋友，被公司当作捣乱分子，对我有什么影响？我是不是要疏远他？只在周末的时候才和他一起玩，平时在工作里面假装没有那么熟悉呢？"我觉得大可不必。在工作中，有一些好朋友，不论是对于个人，还是对于整个公司来说，都是非常积极的。我们的职业生涯在大部分情况下比一家公司的寿命要长很多，朋友和工作并不冲突。而且，当我们把视线放长远，而不是关注当下时，会更容易得到一个更好的答案。

那么，选择和这样的朋友亲密接触，会不会让自己受到影响呢？如果你担心别的同事或者别的领导，也把你当作捣乱分子一样看待，那很简单，你只要展示出你自己是什么样子的给他们看就好了。在工作里面，不要只会闷头干活，适当地展示一下自己的观点、自己的态度，让别人了解，这种误会自然而然就不会出现了，而且别人也不会再假设你是什么样的人了。

和外国同事一起吃饭聊点什么

> 和外国同事一起吃饭，聊点什么好呢？一是可以用
> 场景化的方式和他聊，比如要不要用刀叉，或者要不要
> 吃素，或者天气好不好；二是可以聊点有共同点的话题，
> 比如聊聊共同的熟人，或者共同的爱好。

和外国人吃饭对我来说一直是一件很头疼的事。对于像我这样没有留过学、没有在国外长时间生活过的人来说，餐桌上的那些各种各样的礼仪真的是不熟，没有办法做到脱口而出，每次都挺尴尬的，而且又找不到合适的话题。后来，我专门琢磨过这件事，并找到了一些方法。

用场景化的方式和他聊

和外国同事去吃饭的时候，我都会告诉他，这家饭店有特色。其实，哪家饭店没特色？只要不去麦当劳、肯德基，每家店总是有自己的特点。走进饭店，坐下来，先看菜谱。我一般带他们去的餐厅都是有带照片的菜谱的。这样就能省很多事。否则的话，我就变成"人肉翻译器"了，得逐条解释这个菜是什么，那个菜是什么，

那是要疯掉的。

选完菜，开始等着菜过来，我会问他两个问题：第一个问题，要不要用刀叉；第二个问题，要不要吃素。用刀叉这件事特别有意思，因为大部分外国人都会说"我会用筷子的"。为什么呢？因为在欧美国家，中餐馆价格比较高，而且格调装饰也不错，很多当地人把能够进中餐馆吃饭当成一件很时尚的事，他们把会用筷子当成有身份、有地位的表现。很多来中国工作的人基本上都会用筷子，而且还特别愿意用。

话题都是一环套着一环的。只要他说到筷子这个话题上，我马上就会提到："你知道不知道中国、韩国、日本都是亚洲国家，但是它们的筷子是不一样的，你能看得出来。比如，韩国的筷子是空心的，日本的筷子是筷子头特别尖、特别细，知道为什么吗？"

关于是否吃素的问题，我会问他："你是不是素食主义者？"刚开始听到"素食主义者"这个词的时候，我总是忍俊不禁，因为这个词的英语发音特别像"歪嘴的人"，当时就一下子记住了。我就问他是不是"素食主义者"，他说是或不是，我就知道到底要给他推荐什么菜。在饭前问是不是素食者，我觉得尤为重要，因为我在这件事上面吃过亏。

有一次，我请一家跨国公司亚太区的老总吃饭。一桌子七八个人都在大快朵颐，结果发现这位老总不怎么动筷子，只吃餐前的素菜。后来一问才知道，这位老总是素食主义者，真是好尴尬。我们吃掉了那一桌子菜，而在他面前只放了一根香蕉和一小碟沙拉，他就吃这么点东西。所以，吃不吃素这件事，最好事先问好。

除了筷子和吃素的问题，还可以跟他聊的就是天气。天气是一个安全的话题。一上来，我会问他："这边（上海）的天气和你老家的天气差别大不大？"如果当天天气很好，我就会跟他讲："这是上海最好的季节。"如果天气不好，就和他说："已经下过好几天雨了，恰好你来，云开雾散，把好运气带给我们。"这些年关于天气又多了一个大话题，就是雾霾，尤其北京的朋友，可以和外国同事聊天气，可以和他们一起来吐槽雾霾这件事。

聊有共同点的话题

关于共同话题，一可以聊聊共同的熟人，二可以聊聊共同爱好。比如，我在工作里和他的团队中一位同事有交集，我就会问："皮特最近怎么样，那个项目怎么样了？"这时候，双方会有话聊。还有，我一般会注意吃饭的时候同事放在桌上的手机。我会看他的手机型号，是不是一款最新的 iPhone 或者是一款新的安卓手机。我就会问他是不是"果粉"（即苹果手机的粉丝）。他会回答是或者不是。这又展开了一个新的话题。

现在，还有好多外国人都喜欢带着运动手环。运动手环同样是一个有趣的话题。其实，外国人到了一个陌生的环境，会很紧张，也会很新鲜，他也是会主动和你找话题的。

学会对同事说"不"

从技巧上来讲，你不要急着回答，想完之后，你再告诉他："不好意思，我做不到。"这就是"Not Now"。还有一个办法，即所谓部分答应，我可以做到其中的一部分，这就是"Not All"。

前段时间，苹果公司推出了 iOS10 系统。坦率地讲，我非常不喜欢这种扁平化设计，但是一直没有搞清楚自己不喜欢的原因，突然有一天想明白了。原来是因为它失去了质感。现在，很多高档的东西都是用皮革、金属或木头制作的。制作这些东西的是材质，但传达出来的是一种质感。而扁平化的设计把质感丢掉了，只剩下了色彩。

据说，苹果系统失去了质感，是因为乔布斯离开之后，苹果的开发团队改变了他们做决策的方法。以前，乔布斯在的时候，他基本上一个人就可以做决定，如果这个东西他不喜欢，就会被退回去。现在，库克成了 CEO，他是职业经理人出身，更习惯于用职业经理人的方法来进行管理。做决策的时候，是有很多非常顶尖的设计师参与的。遗憾的是，大家很难达成一致。

所以，我做了一个大胆的假设，扁平化的设计很有可能就是很多顶尖设计师妥协的产物。因为他们都是非常出色的设计师，都非常希望自己的创意被采用，结果他们吵来吵去，到最后每个人都退了一步，做了一定程度的妥协。妥协的结果就是最后出来一个中庸的作品，每个人都不满意。

苹果公司是公认的知名企业，却因为不懂拒绝让产品丧失了质感，进而失去了不少忠实用户的支持。实际上，无论是在企业里，还是在日常生活中，拒绝都是一种非常重要的能力，却很不容易做到。你可以硬邦邦地直接拒绝，也可以有技巧地拒绝，二者一个是技法，一个是心法。

只是很多时候不少人碍于情面，不敢拒绝。结果，勉勉强强做，但是做到后面还是做得自己也难受，别人也难受。此外，耳根子软的人也很容易被别人说服。即使没有被说服，还是抹不开面子，到最后勉勉强强、半推半就也就做了。无论是碍于情面，还是耳根子软，我一直觉得，这是心法层面的问题，如果自己没办法在心里面迈过去这个"坎儿"，知道再多的技法也帮助不大。

心法说起来可以很复杂，也可以很简单。简单来说，就是一个词，叫作"勇气"，就看你有没有勇气说出你的真实想法。不过，只有勇气是不够的，还需要有技巧。有勇气说出来是第一步，还要让对方能接受，这要靠技巧。

下面就来说说技巧。想象一下，你的一个好朋友，或者是你的一个亲戚，过来跟你开口借钱，要借的金额不大，你是借还是不借？如果你借了，下一个亲戚再来，你是借还是不借？如果有更多的亲戚来借，借不借？我有一个好朋友，他是这样处理的：凡是开口借钱的，无论亲戚朋友，他都统一对待。怎么做呢？拿一个信封出来，无论对方想借多少钱，信封里面放上 5000 元人民币，对借钱的人说："这是给你的，不要借条。以后有钱就还，没有就算了，但是就这一次。"除了借钱，工作里也会碰到别人要你帮帮忙，做点事的情况。从技巧上来讲，你不要急着回答，你说"让我想一想"，想完之后，你再告诉他："不好意思，我做不到。"这就是"Not Now"。还有一个办法，即所谓部分答应，他让你帮一个忙，你可以跟他讲，我可以做到一部分，有另外一部分力所不能及，或者我建议你找谁，这就是"Not All"。

我的同事中，有人话很多，没事就跑过来和我谈事情。我有一个好办法：当我在忙的时候，如果有人走进我的办公室，我第一时间就站起来，不让他坐下去，然后拿起我的水杯，说"走，咱们俩边走边聊，正好我要去接水"，我们就一起走到饮水机边上。我接完水，他讲完话，然后各自回各自的办公室。类似这样的小技巧，大家平时可以多观察，多积累。

尝试着说 No，从一些小事上开始说 No，向别人学习如何说 No。观察你身边的人，哪一些人非常善于拒绝别人，拒绝得又不是那么硬邦邦，拒绝得让别人又能接受，看他是怎么做的。你学他的语气，学他的用词，学他的表情，学他的腔调。最开始都是模仿，当你在模仿过程中慢慢形成了自己的风格，你就会在说"不"这件事上有信心了。

在职场上，有一些人是所谓的"老好人"，大家都说这个人不错，但这位"老好人"的绩效往往很一般，甚至很差。因为他永远是帮这个的忙，帮那个的忙，自己的事情却搞不定。有的时候，"老好人"

会被别人利用，有了事情就丢给他，甚至有时候连黑锅也丢给他。所以，我非常相信一句话："要做一个好人，但不要做一个'老好人'。"做一个好人，内心有向善的力量，愿意做好的事情，做对的事情，但是"老好人"则意味着没有原则，没有自己的判断。

任何人在公司里都有一定的职责，有自己需要扮演的角色，在做事情的时候，需要有自己的判断。当和别人判断不同时，要去争取，要表达自己的意见，展示自己的判断。如果选择做"老好人"，就会退缩，失掉自己的立场和原则。

做个好人，但不要做"老好人"。拒绝别人，心法上要有勇气，技法上试试"Not All"和"Not Now"。

关注影响圈，不做公司里的"祥林嫂"

斯蒂芬·柯维在《高效能人士的七个习惯》里提到，工作里面很多事，是可以关注的，但是不能改变的，这一类叫作关注圈。还有一类，哪怕是 100% 的努力带来 0.1% 的变化，你能够改变它，叫作影响圈。

前些天，我们团队讨论了一个话题——"请你说出工作里面哪些话不要讲"。话题抛出来之后，大家发言踊跃，到最后简直成了吐槽大会。伙伴们纷纷把自己以前看到的、听到的，甚至亲身经历过的，各种不要讲的话，统统讲出来了。我总结了一下，结果发现：这些不该讲的话，绝大部分都是脾气不好、急性子的老板脱口而出的话。

面对这种脾气不好的老板，或者管理风格比较雷厉风行的老板，我们能做什么呢？可以借助关注圈与影响圈这个小工具。那么，什么是关注圈，什么又是影响圈呢？斯蒂芬·柯维在《高效能人士的七个习惯》里提到，工作里面很多事，是可以关注的，但是不能改变的，这一类叫作关注圈。还有一类事，哪怕是 100% 的努力带来 0.1% 的变化，你能够改变它，叫作影响圈。

回到刚才的问题，工作中遇到急性子的老板，很多人选择的应对方式就是抱怨老板。当你抱怨老板的时候，你就会发现老板有各种各样的缺点，你的经历和你的关注点就放在"关注圈"上面，因为你没法改变它。久而久之，心态会发生潜移默化的变化，你会觉得没有办法了，会觉得"我运气特别不好""我怎么这么倒霉呢？""我老板什么时候被换掉？"慢慢地，你会进入消极的、被动的、无助的状态。反过来，如果我们能把关注点放在"影响圈"上面，哪怕你付出很多努力，只改变一点点，久而久之，你会发现努力是可以带来变化的，你能够改变现状。这就会给你带来积极主动的心态。

说到底，关注圈与影响圈并不是一个具体的技巧，而是一种心法，是心态调整的一个小工具。很多时候，其实我们一不小心就会把自己的注意力放在"关注圈"上面。职场上面有一类人，我们有的时候是避之不及的，他特别爱发牢骚，尤其时间久了之后会看到各种各样的问题。他发现的问题确实是问题，但是天天发牢骚，说这样、那样的问题，时间久了之后，你会发现，和他待在一起，自己会不断地接收他传递来的负能量，会觉得很难受。

还有一类人，喜欢打听别人的隐私，比如打听别人的工资，这是典型的搬起石头砸自己的脚。首先，大部分公司不允许员工这么做。其次，即使打听出来，这件事对自己也一丁点好处都没有。因为他知道周围人的薪水之后，可能会心理失衡，会难受。以前，我遇到过员工闹情绪，后来刨根问底问下来，原来是因为他觉得不公平，觉得公司给他的钱不如那个人多，少了几百块。他觉得自己很难受，很委屈。

每个人在公司领取哪个级别的工资，背后一定是有原因的。虽然公司会规定相关的标准，但是有上下浮动的空间。定工资这件事情，有多方参与，有前因后果，有这个人加入公司之前所在的行业薪水影响。另外，公司还会考虑这个人加入之后，团队内部的平衡，未来这个人的升值空间，等等。考虑的因素比较多，不是简单地说这个人和我做的工作性质比较像，工作内容很像，通过我的观察觉得这个人还不如我做的好呢，他赚的钱比我多，我觉得不公平。

其实，每个人都在做着自己的工作。当你把你的关注点、注意力放在影响圈上，放在那些能改变的事情上的时候，久而久之，你在心态上就会更加积极，更加主动，未来就掌握在你的手里。但是，反过来，如果把你的关注点、你的"力比多"放在了关注圈上，久而久之，你的心态就会变得很消极，就会变成"祥林嫂"。

第

06

章

职场震荡，
吐槽还是跳槽

每天都忙得要死，累得像狗，挣得不多，压力还大，不开心！我要不要跳槽呢？在某个时间段，这些话反复在你的头脑中打转，让你纠结不已。怎么才能分辨自己的真实心意呢？要承认自己确实在工作中存在不开心的情况，找出压力的源头，再去做决定。❀

想辞职了，先做这四件事

想辞职了，先需要做好以下四件事：第一，设定一个离职截止日期；第二，盘点自己在公司获得的显性和隐性资源；第三，设计几个疯狂的目标，让自己不留遗憾；第四，认真想一想自己下一份工作是什么样子的。

小 D 最近遇到了烦心事。他说："最近半年，在银行工作很不开心，团队气氛不好，给我下的任务指标重，压力很大，而且领导明显针对我，特别不公平。最主要的是，不但心情不好，而且半年来只有我不挣钱，领导又要求极端严格。辞职有点舍不得，因为觉得银行工作光鲜稳定，不辞职又真的不开心！！"

我非常能体会小 D 的感受。一份工作几年时间做下来，新鲜感会慢慢丧失，各种烦人的事情乱麻一样纠结在一起，让人时时刻刻都有一种身处泥潭的无力感。想要摆脱这一切的念头，就像野草一样在心里疯长。

虽然每次看到工资条，都会提醒自己再忍忍，可每当很郁闷、很烦躁的时候，一个声音就无法控制地在心里回荡："老子不伺候了！"而这时如果电话铃声恰如其分地响起，一个声音对你说："有个好机会，你看看吗？"

诱惑的声音回荡在耳边，走还是不走？真是让人举棋不定！不过，我建议，即使决定离开，也不要过于着急，先看看下面这四件事做了没有。

给自己设一个离职截止日期

这个截止日期可以是半年，也可以是 8 个月、9 个月，时间一到，挥手告别。设截止日期的好处有二：其一，让自己有充分的准备时间，不至于怒发冲冠，摔门而去。无数人的惨痛教训证明，为了离开而离开的跳槽，损失很大。其二，截止日期实际上是给自己预设了一条心理底线。尤其是在离开前的几个月时间里，你可以放下包袱，轻装上阵，去做那些曾经想到了却不敢做的事。即使试错没成功，也只是截止日期提前而已。

盘点自己在公司的显性、隐性资源

盘点自己在公司内部的人脉资源，多加微信好友，尤其是其他部门的同事。

盘点自己在公司外部的人脉资源，主动联系外部的各路供应商，进行合作关系的维护。

把曾经收到过的各种邮件重新分类，整理进入你的资料库。好记性不如烂笔头。以我自己为例，我觉得自己最好的习惯，就是坚持十几年如一日地保存各种资料。

挖掘隐性资源。隐性资源有个特点，你不去主动挖掘，它就等于零。曾经有位朋友在小公司里做得不开心，跳槽到大公司，新同事以为他在小公司里，天天和老板在一起，对于小公司的业务应该很熟，于是向他打听，可此君居然一问三不知。因为，他当时只关心自己的那一亩三分地。

给自己设几个疯狂目标，不留遗憾

每个人都是有追求的，起码都想做点有成就感的事。有些时候，你坚信做某些事情，对公司好，也对自己好，但由于各种原因，如资源不够、时机不成熟、老板不支持，导致这些想法无法启动。现在，离开的倒计时钟声已经敲响，是去完成心愿的时候了。除了每天上下班那些常规的工作，可以开始不遗余力，用尽一切办法，去实现那些你曾经想了又想，就是没去做的事。最差的结果也不过是离职截止日期提前了而已。可要是成功了呢？没准儿能让你打个漂亮的"翻身仗"。

认真想一想下一份工作长成什么样子

利用这段时间安静地、认真地想一想，下一份工作究竟要满足什么条件？是在同一个行业，还是换一个行业？工资奖金要多少合适？离家远近是否重要？新工作是关注内部，还是外部？

相信你也同意，世界上从来就不存在完美的公司。但在迫切想要离开的心情下，在猎头的美好描述中，可能你看到的只是未来新公司美美的"艺术照"，但"艺术照"和现实是两码事。

现在的网络发达，找找新公司的员工，看看他们在微博里都唠叨什么，看看他们挂在求职网站上的简历中，工作内容是怎么描述的……要做到知己知彼。

不开心就跳槽？情绪化决策要不得

　　不开心就要跳槽吗？首先，我们要承认，开心和不开心都是一种情绪。做重大决策时，尽量避免带着情绪。其次，我们可以做一篇叫作《我为什么要离开这家公司》的"命题作文"，进行相关分析。

　　不开心就要跳槽吗？首先，我们要承认，开心和不开心都是一种情绪。情绪有一个重要的特点，来得快，去得也快。有些人可能"气性"比较大，生气的状态会持续几天，但很少会持续一年。如果持续一年，那就要去看医生了。我们在做重大决策的时候，尽量避免带着情绪。比如说，你和男朋友（女朋友）因为一点小事吵完架之后分手，过了一段时间又觉得很后悔。像这种情况我们就尽量避免。

　　我发现，一些职场新人往往会和同事或老板发生一些不愉快，但是自己又比较害羞，不愿意去和别人讲。时间稍微一长，你就会发现，他的状态开始变得萎靡不振了，情绪开始不高涨了。有的时候，他们可能就说，不干了，要离职了，不开心。遇到这种情况，我有一个办法——把它写下来。

　　如果有一件事情，你写不清楚，那就说明，你可能还没有把它想清楚。写下来的过程，会帮助你把事实和情绪剥离开。写着写着，你就会发现，你的情绪从这件事里边游离出来了。你能够特别清晰地看到，当时你的情绪是怎么样的。你会发现，其实这件事本身并不大，只不过是因为你的情绪比较激动。如果是这样，对于你来说，你就能够清楚地意识到，其实这件事不值得你去做跳槽的决定。

这样做的好处，是让你更加理智。如果真的特别想离职了，你可以做这样一篇"命题作文"，这个题目就叫作《我为什么离开这家公司》，字数不少于一千字，大家可以试一下。写完了之后，你可以自己先看一遍。如果写完了之后，你发现还是想跳槽，怎么办呢？先别急，你把这篇文章给你信任的亲戚、朋友们看一遍，请他们帮忙分析一下，你是不是要跳槽。他们如果都觉得你可以跳槽了，这份工作确实不适合你，确实不值得在这待下去了，浪费时间，那你就可以跳槽了。

用这个办法可以避免你在糟糕的情绪下做出职业决策。

压力大就跳槽？找出压力源才重要

压力大就要跳槽吗？首先，要找到压力源。找到了压力产生的源头后，才能控制压力的产生。其次，态度上要积极，要尽量撑一段时间，再选择合适的时机向老板讲述你的诉求。

一位朋友说，因为公司缩编，有一些人离职了，他一个人干了三个人的活儿，每天非常累，压力也很大，他很纠结，要不要跳槽。

在回答要不要跳槽的问题之前，我们先来分析一下。首先要说说"压力大"。其实，由于每个人的标准不一样，每个人承受的底线也不一样，每个人感受到的"压力大"也并不相同。但无论标准如何，一定要有底线。

那么，大部分人认可的这条底线是什么呢？简而言之，就是身体健康程度。当压力大到影响身体健康了，比如说身体已经出现一些症状了，那么这个时候，就一定要采取行动了，不能硬扛。我自己就曾经有一个阶段工作特别忙，常常感到胸口疼。因为听说会累出心肌炎，后来主动把工作压力调整了。

压力管理是有方法的。简单地说，第一步要找到压力源是什么。

找到了源头之后，才能够从源头上去控制压力的产生。

压力的源头可能不同。有的时候，压力是外部原因导致的。外部原因导致公司这个阶段确实是压力比较大，工作特别忙。这一点，你可以从你的团队，甚至所在部门看得出来。

还有一种可能是你的老板或者客户导致的。由于他们的一些特质，导致你的压力会变大。比如说，你的老板不太善于拒绝别人，导致很多活儿都跑到他这里来了，而这个压力就会传递到整个团队。也有可能是因为客户的要求这段时间特别多，你们没法去应付，那也会导致压力很大。还有的是因为团队有人离开，工作没人做，转移到你的身上了。

以上都是外部原因带来的压力。针对这些情况，我们要先分析一下外部原因是长期的还是短期的，用什么样的途径能够解决。

有的时候，压力是内部原因导致的。与外部原因不同，内部原因往往是自己的工作习惯不好，生产效率不高，或者是在某一个方面能力不足。所以，如果是内部原因，就要从自己身上想办法。

回到上面的具体问题，"一个人干了三个人的活儿，到底怎么办，要不要跳槽？"我给大家一个建议：首先，态度上要表现得积极一些，而不是每天垂头丧气，每天见到老板就跟他哭诉一顿。为什么呢？因为你既然已经累成这个样子了，那就不要再让老板对你有什么不好的印象了。你要知道，你表现出的样子其实会直接影响别人对你的看法。

其次，尽量能够先撑一段，而不是老板给你一个活儿，你马上就拒绝。

我们曾提到不要不断给你的老板传递坏消息，也不要不断拒绝老板。因为到最后，老板可能会通过他的权威，把这个活儿强压给你，而你不得不接受。但是，问题来了，不能一直硬撑，那会把人累出毛病的。怎么办?! 你要提出你的诉求，这是整个处理方法里最关键的一点。

我看到有一些人一直在硬撑，直到撑到最后一天，含恨离场，他们实在是太冤了，到了最后一天才跟老板提出来，老板还故作惊讶说："我怎么不知道呢? 你怎么不跟我早说呢?"员工觉得特别委屈，我觉得这叫自作自受。遇到情况，你自己不主动提出来，自己觉得老板看在眼里，老板会给你想办法，是不是想得太简单了?!

所以，提出自己的诉求是非常关键的一步。那么，该如何向老板提出诉求呢?

第一，你可以把现在的工作都列出来，通过量化的办法，让老板首先要认可你现在的工作量确实比平时大。大多少? 30%，50%，还是100%? 这个步骤之后，老板只要认可，说："你再坚持一下，咱们熬过这一段就好了。"他只要做出了承诺，那就没有问题了。

第二，你要跟老板商量的是，"我们要对这些工作排一排优先级，哪些事情是一定不能耽误，一定要做好的，老板一定要告诉我，这些事我一定会保质保量做好; 哪些事可以稍微晚一点做，老板也要告诉我; 哪些事我觉得确实做不了，我要让老板知道。如果你坚持让我一定要做的话，没有问题，但是我要保障前面最重要的事情不会出问题，这一段我确实是没办法保障的。"因为前边老板已经认同了，你确实是在超负荷的工作状态下工作的，所以有了前面的铺垫，老板就比较容易接受。

第三，结束之前跟老板表示一下你的态度，说"我可以扛一扛的，但是我需要一点时间"，让老板明确告诉你，你是需要坚持三个月，还是需要坚持半年，是坚持到下一位同事上岗，还是只做这一段时间就可以了，明确给老板一个终止时间。或者跟老板讲，这个活儿我可以扛下来，但是工作范围上变化了，我希望我的工资上、职业发展上也有一些变化，你可以明确提出你的诉求。

如果跳槽，应该涨多少钱

工资是由两个因素决定的，即从哪儿来，到哪儿去。
当你选择不同的企业、不同的城市的时候，工资就会带
来一点点累计的差异。除了城市、地区、企业类型之外，
行业对工资也有很大的影响。

工资是由什么决定的呢？两个因素，第一个叫作从哪儿来，第
二个叫作到哪儿去。整个就业市场既公平又不公平。说它不公平，
举个例子，比如说，对于大学毕业生来说，如果毕业于名校，读的
是热门专业，在一线城市读的书，确实第一份工作的收入就要比平
均值要高那么几千块钱。同时，这个市场又是公平的，前面所有的
累积会在这一刻变现。但是，进了企业之后，看的就不是之前的学
历了，看的是能力和潜力。

关于工资标准，一个普遍的说法叫"三六九等"。本科生毕业，
工资差不多在三千五百元以上，一直到五千多元，当然有更高的。
这个区间是全行业普遍的平均值。对于一些名校毕业的、读了热门
专业的毕业生来说，拿到七八千元，拿甚至一万多元的，也大有人在。
至于研究生，基本上就是六七千元。当然，更高一些的也有。

但是，工资上的差异到底取决于什么呢？取决于毕业生所学的专业。比如，你学的是一个特别热门的专业，你的工资就会相对高一些。还有，如果你的职位是管培生，工资也会比普通的平均值高上差不多 80%，甚至是 150%。这是因为，管培生肩负着企业未来发展的领导责任，管培生的选择是万里挑一的。

说完了从哪儿来，我们再来谈谈到哪儿去，去哪儿受什么影响。现实情况是你去什么样的城市发展，对于你的工资水平有着直接的影响。如果是北上广深这样的一线城市，它的工资水平比二线城市要高 20% 左右。原因很简单，因为各个城市的生活成本不同。这就是城市带来的差异。

不仅是城市，企业类型不同也会带来差异。普遍来说，外企、合资企业所给的工资比政府机关或者国企给的要高。这个背后逻辑挺复杂。对于机关事业单位或国企来说，他们所要考虑的人力成本不是像企业那样，按合同办事，签几年就管几年；而是我要管你一辈子，我要管你从大学毕业一直到退休，甚至退休之后的几十年。

所以，当你选择不同的企业、不同的城市的时候，工资就会带来一点点累计的差异。这个差异会慢慢堆积起来，这样，当你和你的同学比较起来，你会发现差异还是不小的。

除了城市、地区、企业类型之外，行业对工资也有很大的影响。比如说，现在互联网行业、金融行业普遍薪资都很高。同样是本科毕业，如果在北上广深等一线城市，拿到一个金融行业的岗位，月薪八千甚至超过万元都很普遍。对于刚刚毕业参加工作的这些大学生来说，找工作到底要多少钱比较合适，我觉得可以拿上面提到的那个"三六九等"做一个最低的下限，再往上加一些。如果是北上广深的话，差不多加两千，加到三千我觉得就不错了，可以去做了。如果是跳槽的话，已经有工作经验的，从 A 企业跳到 B 企业要拿多少钱呢？我说一个比例供大家参考，可以要 15% 以上。

为什么要掌握这个比例呢？原因解释一下。大部分企业每年都会给员工做一些工资的涨幅，他们一般会怎么做呢？他们会把员工按照去年的绩效分成高、中、低三档。其中，中档就是一个锚点，它要和外部的市场进行比较，要和国家的经济发展、GDP 的涨幅进行比较。一般来说，外部差不多涨 7%~8%，企业就涨 5%~6%。当有了这个中间值之后，上边和下边就比较好定了。对于那些绩效比较好的，企业愿意涨 10%，甚至是 15%。

按照这个逻辑，如果你跳槽不是因为被"干掉"了，不是因为"混"不下去了，而是因为你要给自己升职、加薪，工资的涨幅起码要高于 10%。实际上，很多人跳槽的时候选择的就是希望工资涨幅是 15%，甚至 20%、30%。在一些很热门的行业，比如说我所熟悉的快消品行业、IT、通信行业，很多人要的涨幅 50% 也正常。

第

07

章

在职场中，
如何跑得比别人快一点

无论在工作中，还是在生活中，成长都是你自己的事，都需要认真对待。因为，你不想要，你就得不到。在职场中，如何跑得比别人快一点呢？了解自己的真实诉求，怎样让自己的工作更有趣，从自己的舒适圈突围而出，都是个人成长的必经之路。❀

高管都有好身材

在成为高管之前，我们看到的是这个人的资历、能力，以及他和公司的文化匹配程度。但是，当他成为高管之后，其实很多时候拼的就是体力，这可是一个体力活儿。

有一次，一位朋友和我谈到了他的一个观点。他说，据他的观察，凡是好领导都不怕冷。我笑着说："这有点意思啊，你是怎么得到这个结论的？"他说，他看到很多升迁很快的高管冬天穿得都很少。别人穿棉大衣，穿厚厚的羽绒服，他们穿的就是薄夹克，还不觉得冷。他问："会不会有这么一种人，他的基因就是不怕冷，而这种人又是天生特别适合做领导的呢？"

据我的观察，好像真的如他所说，很多高管冬天真的穿得比较少。这是一个现象。它的背后可能是什么呢？逻辑上可能比较简单，比如说不怕冷，说明他的身体素质好。身体素质好带来的后果是什么呢？说明他的精力旺盛。作为一个领导，作为一个管理者，他是需要旺盛的精力的。这些事引起了我深深的思考。

为什么高管不怕冷？身体好，就能够变成一个好领导？在回答这个问题之前，我们先来分析一下，领导岗位和普通岗位有什么不同之处。高管每天的工作状态一般都是从早上忙到晚上。如果和他们近距离接触的话，你会发现他们很多时间都是在开会，剩下的时间就是私下里找人一对一的谈话，或者是回邮件。每天都是这样重复。他们解决的问题往往是比较复杂或者比较难的。我们以前私下里也开玩笑说，老板做得真不容易，往往是我们搞不定的事，我们交给老板，到他那儿他再去拍板。在我们这一层，我们已经把一些简单的问题自己能够搞定的问题过滤掉了，剩下的问题到他那儿都不是简单的问题，但是他需要很快地做决策，这对他的要求其实很高。

老板还有一个特点，就是要大量出差。我以前的老板在办公室里边有一个小箱子，他在衣橱里边有专门的一套西服，只要需要，拎起箱子不用回家直接就上飞机场了。这其实对于身体造成的压力是非常大的。

在跨国公司，高管经常会出差，隔三岔五就要跑国外，倒时差非常痛苦。我看到有的老板从欧洲飞到中国来，下了飞机之后，神采奕奕地开会，开完会之后神采奕奕地吃饭。这方面的能力确实表现得让我们很佩服。这就是领导的一些工作特点。

对于这种类型的工作，领导需要具备什么能力呢？身体好可能是一个基础，他需要旺盛的精力，还需要非常强的耐力。还有一点，尽管我们一直在说身材好当领导，其实人到中年以后，按照自然规律，发福是正常现象。所以，走在街上，经常能看到大腹便便的中年男人。作为高管，如果没有很好的自制力，再加上不规律的生活，巨大的工作压力，身材很容易变形。

那么，"身材好，当领导"是不是企业里面的"潜规则"

呢？一家很有名的研究机构叫 CCL，全称为 Center for Creative Leadership，翻译成中文就是创意领导中心，它做了很多关于领导力的调研，做了很多相关产品，发展出很多相关理论。它有一个理论很有意思，那就是在财富 500 强的 CEO 当中，找不到一个体重超标的人。

体重超标用什么来判断？ BMI（身高质量指数），它是身高和体重的一个比值。BMI 超过了 24，表明就超重了。CCL 做了一个研究，它从公司的 CEO 和其他高管那里收集到了数百份业绩评估和健康筛选结果以后，发现了 BMI 指数和绩效的相关性。研究结果显示，在 2006 年到 2010 年之间，体重可能确实会影响下属、同级者或上级对某个人的认知。

通俗地讲，很多时候，大家还是以貌取人的。当你看到一个胖子的时候，你的反应可能就是这个人比较缺乏自制力。当你看到一个瘦子的时候，你不由自主地就会觉得这个人自制力不错。这是偏见，但是很多时候第一反应你是控制不了的。我很多时候也是第一眼看到一个人的相貌会有一个反应，接下来理智又会把我的判断往那边再拉一拉。

想象一下，如果你现在环顾四周，就看到周围有这么一个大佬，身材很臃肿，每到下午吃完饭之后，整个人就已经困得眼睛都睁不开了。这种人你会佩服他吗？当然也可能会，每个人的判断标准不同。但是，当面对一个神采奕奕、雷厉风行的老板时，你会不由自主地被他吸引。我以前的一个老板，身材真的是非常好，被我们公司的女同事称为一号男神。这位老板每天游泳，保持身材，保持健康。其实，保持身材还是次要的，最主要的是思路非常清楚。我们开会经常从早上开到晚上，一个又一个。有时我和他会在几个会议里边碰头。我发现，有的时候，我自己撑不下来，脑子已经变成一团糨糊了，他的思路依然很清晰。

在成为高管之前，我们看到的是这个人的资历、能力，以及他和公司的文化匹配程度。但是，当他成为高管之后，很多时候拼的就是体力，这是一个体力活儿。有一个说法挺有意思的，说职场如战场，体力强的大 BOSS 比较扛打，就像游戏里的打怪一样，他的血比较多。其实，这是有一定道理的。我观察了一下，外资企业里面那些天天飞来飞去、横跨大洲的高管们，他们的身材还真的保持得不错，精神状态也真的挺好。

猎头在招高管的时候，一般都会要求见面谈一谈，为什么？因为对一个人做判断，是一件非常复杂的事情，简单地看文字图像，打个电话其实是不够的。一定要亲眼看到这个人，看看他的言谈举止，甚至看一下这个人的相貌。不亲眼看看，猎头是不会放心把他送到客户那里去的。

几年前，有个猎头给我打电话，说迪士尼在招一个 HR，他们有明确的相貌要求，要提供一张全身免冠近照。很多岗位，除了有写在纸上的能力经验要求，还会有一些隐性条件。在这些隐性条件中，相貌身材要求是很常见的。看到这里，大家是不是要开始反思一下，现在是不是要开始锻炼身体了？

有效识别那些"虚胖"的职业

所谓职业的"虚胖"，就是指工作内容不变，工作头衔出现"通货膨胀"的情形。该如何远离"虚胖"的职业呢？第一，定期自检；第二，定期测试；第三，远离妄人的圈子。

我曾在各种场合接到过无数的名片，但有一张让我印象无比深刻。那是去一家民营企业面试的时候，HR 负责人递过来的名片：Global Sr. Executive HR VP。长长的一串 title（头衔），到现在我都还十分敬佩这位 HR 勇于自我表扬的精神。

对于企业来说，为了吸引人才加入，能拿得出手的，最直接的就是好看一点的 title 和高一点的薪水了。如果是二选一的话，企业会选哪一个呢？当然是不用花钱的 title 啦。看！市场上空飞舞着各种各样、奇形怪状的 title。

先来看看几个和销售相关的 title：

- 销售代表
- 销售工程师
- 销售精英

- 销售顾问

- 销售经理

- 资深销售经理

- 高级销售经理

- 华东区销售经理

- 大华东销售经理

这些 title 有区别么？你以为他们有区别，然而在有些公司，这只是文字游戏。那我们也来玩一玩文字游戏。大家猜猜，下面几个职位，具体是做什么工作的？

- 客户幸福度经理

- 跨媒体制作人

- 办公室体验主管

- 品牌架构师

- 品牌大使

- 故事战略家

答案揭晓，很多时候，它们可能就是客服、美编、行政人员的新称谓。这种"精神吗啡"只要看起来档次高，就会疗效好，就会让员工感到很开心。实际上，员工并不能从中获益。

这个职场到底怎么了？放弃挣扎，请接受 Job Title（工作头衔）在"通货膨胀"的事实。Job Title 的"通货膨胀"，可以解释为：在现今职场环境里，使用中的 Job Title 分量超过其实际岗位职责而引起的 Job Title 价值贬值和命名档次全面而持续的上涨。换成通俗的话来说，就是：职场中的 Job Title 越叫越高，工作内容权责不变。

当年，我曾被猎头用一个高级经理的职位诱惑，从 IT 行业跳到了金融行业。没上班之前，感觉良好，可上班第一天，老板带着我在办公室里各个团队转了一圈，我才震惊地发现：几乎所有人都是经理，副总裁在这家公司只能算小组长。顿时，整个人都不好了。

我爸的那个年代（大约很久很久以前），厂长在人们眼中还是位高权重的"大官"。后来上大学，走出了小县城，见识到了总经理、董事长。对我来说，那已经是巅峰成功人士了。再后来工作了，陆续听到了一些更有气魄的 title，总监、执行副总裁、总裁、高级副总裁、C×O、董事局、联席总裁、执行长……再再后来，看到给我理发的小伙子胸牌上写着"造型总监"，我才知道这个游戏没有尽头……

一个朋友在原来的公司岗位是经理，猎头向他推荐了一个小公司的职位——总监！他屁颠屁颠地就去了。可半年不到，再打电话时，他就一个劲儿吐槽，对现在的职位各种不满意。他说，他的职位名为总监，实际上手下只有两个普通员工。这个总监的分量可想而知。可说到跳槽，他居然有了一个不小的心结：不甘心做回经理的岗位，继续找总监的岗位，又底气不足，只好硬着头皮、胸闷气短地做下去。

"虚胖"的职业像一颗色彩鲜亮的糖果，吃起来味道不好，还会染得你满嘴的五颜六色。这种商品迟早会被市场淘汰。在未来的新经济形势下，能给你一个漂亮的 title 的公司将会越来越少。

那些站在时代浪尖上的顶尖公司都是扁平的，都是去权力节点的。看看小米的三层结构，看看 Whatsapp，再看看 Instagram。只有一群不在乎漂亮 title，不在乎管多大团队的人在一起，才能组成一个人人都是精英的公司，这种公司的人才密度会高到让传统公司流口水的地步。这种顶尖新公司的超密度人才集群优势，才是他们击垮传统公司的终极武器。钻石为什么那么硬，因为密度大。

那么，身为职场人士的你，该如何远离"虚胖"职业的诱惑呢？可以从三个方面入手。

第一，定期自检。定期给自己"照照X光"，没有了现在的平台，自己到底有什么。

第二，定期测试。投一投简历，经常参加一些面试，来测试自己，是不是还是update，是不是符合行业标准。

第三，远离妄人的圈子。

了解自己的真实诉求：我为什么一定要发展

其实，每个人的诉求真的是不一样的。正所谓，话不说不透。想清楚了自己要什么，把它清楚地说出来，这样才能够真正得到自己想要的。还是我之前说的那句老话，你不想要，你就得不到。

一个阳光明媚的下午，我跟一位同事进行着一对一的对话。他突然间打断我，问了一个问题："为什么每个人都要选择奋斗和发展，我可不可以不发展呢？"我一下就愣住了，但很快就明白了他的意思。很多公司经常有所谓的强制培训，比如说要求所有员工或者某一个层级以上的经理必须得参加这个培训，到了年底，要写年终总结，要写来年的计划。很多公司的管理者、HR 做出一副苦口婆心、语重心长为你好的样子，但是很多人其实不这么看。在他们看来，发不发展是我自己的事，我为什么不能有选择呢？如果有选择的话，我就可以选择不发展。

以前，因为工作的关系，我能看到公司里边每个人的发展计划。我曾经看到过这么一份员工发展计划，只有四句诗："床前明月光，疑是地上霜，举头望明月，低头思故乡。"从这里，我们不难看出：

发展计划对他来说就是一个不得不做的"政治任务"。

所以，当我团队里的这位同事和我提出这个问题的时候，我忽然间意识到，之前我也是苦口婆心地和他去谈他的发展，很有可能他觉得这件事很无聊，我谈的发展根本就不是他关心的发展。我突然间觉得松了口气，这是以前我从来不会去想的一个角度。仔细研究一下，工作的本质是什么呢？就是挣钱养家，买米下锅。之前，我也提到过，工作的基础就是交易，你出卖你的体力、智力、时间，为公司创造价值；公司发你工资，按劳分配，天经地义。去上班是一个必选题。但是，在工作里边要不要成长，是一个可选题，可以有不同的答案。

我现在也充分地意识到，不是每个人都想要在工作里做到自我实现，获得人生成就感的。比如说，包括当年在瑞士伯尔尼专利局上班的爱因斯坦，虽然在单位节节高升，也没打算成为一名优秀的专利局技术员。（好在爱因斯坦没有这种打算，如果有的话，广义相对论和狭义相对论的问世可能就遥遥无期了。）这样的人，他们选择的发展也许根本就不在当下的岗位上。

所以，一个人是不是有奋斗精神，和他在本职工作上是否要求上进是没有必然联系的。工作对于一些人来说是自我实现的一个途径，但是对于另外一些人来说，它可能只是养家糊口的一种手段而已。

现在回到我同事提的那个问题。当时我是怎么回答的呢？我跟他讲："我理解了。我提两个要求：第一，你不要掉队。因为职场行走就是逆水行舟，所有的人都在跑，你可以跑得慢一点，但是你不能停下来。翻译过来，就是你在工作上，我对你的要求，今年和去年相比一般不会一成不变的，这个要求每年也都会提高的。但是，我理解你有你的选择，所以对于你的要求不会像对别人那么高。第二，如果你不想跑得这么快的话，那未来那些可能的发展机会，我会优先考虑其他人的。"

这次聊完以后，我有了一种和之前很不一样的感受。以前和同事谈发展，都是谈怎么样能够让他跑得更快一点，更强一点，而这一次说的恰恰是不要发展。但是这一次谈下来，对我来说价值很大。因为这次谈话很清楚地让我明白了一点：其实，每个人的诉求真的是不一样的。当双方清楚地了解了之后，他自然而然地会避免未来的很多麻烦。正所谓，话不说不透。如果用马云的话来讲，叫作"话要说透，爱要给够"。很多管理者会自以为是地认为员工需要这个，需要那个，其实还真的未必。

对于和我聊的那位同事而言，他想清楚了自己要什么，这也是能够把话说透的基础。再进一步说，想清楚了自己要什么，把它清楚地说出来，这才能够真正得到自己想要的。其实，还是我之前说的那句老话，你不想要就得不到。谈完之后，我很轻松，他也很轻松，因为我们双方都了解了彼此的诉求点是什么。

一个最好的问题——怎样能让我的工作更有趣

能问出"怎样能让我的工作更有趣"的人，都是能够主动思考、聪明工作的人，这样的人才能够很容易沉浸到工作里边，并且能够乐在其中。当你琢磨一件事的时候，学习速度是非常快的。

小包提出了一个问题："我每天的工作就是打电话，怎么能够让这个工作更有趣一点呢？"这个问题非常简单，但我真的是非常喜欢这个问题。为什么呢？因为我觉得能够提出这样问题的朋友，都是能够主动思考、聪明工作的人，这样的人才能够很容易沉浸到工作里边，并且能够乐在其中。

我把这个问题发到了微信公众号上。一位朋友给出了一个特别有意思的答案。他说："有一段时间，每天我需要打很多电话，我就把全部的话术都敲出来。所谓的话术就是这话怎么讲，怎么开头，怎么过渡，别人如果讲，我要怎么回应等。每天上班先根据前一天的效果，把这个话术修改一点，然后看看客户的属性，看看客户的反应效果好不好。"他甚至还做了 A 和 B 的测试。比如说，A 的方案是这么讲，B 的方案是这么讲，然后找相同或者相似的客户来试一下，看看哪种效果好。这就是我一直提倡的琢磨的态度。当你琢磨这件事的时候，学习的速度是非常快的。

现实中有很多貌似枯燥的工作，但是很多人乐在其中。而且，很多职业发展速度比较快的人，往往都是那种在非常基础、非常枯燥的工作中能够学到东西的人。比如说，公司的前台每天都是各种各样的事，接快递，接电话，给人发材料，等等。如果我们来做这项工作的话，怎么能够找到乐趣呢？我给大家提供几个思路。因为每天你在公司里要接触大量的人，所以要去记住所有同事的名字和他们的脸。不用一个月的时间，你可能就会变成这个公司里最熟悉所有人的一位员工。在开员工大会的时候，你可以叫出每一个人的名字，你可以说出每一个人来自哪个部门，甚至再进一步了解他是做什么工作的。这就是很厉害的一个学习收获。

再比如说，背电话号码这件事。你可以把自己培养成一个能够把公司所有人的分机号码全记下来的专家。任何人打电话，到你这儿，都不用查号码，拿起来就可以去打。这表现出来的就是一种专业度。很多时候，专业度并没有那么高深莫测，它就表现在你做的这件事上。有了专业度，你就可以在自己的工作范围内做得又快又好，比其他人做得都好。而要做到这一点，基础和前提就是你去琢磨，琢磨的前提可能就是回到小包的这个问题——怎么样能够让这个工作做得更有趣呢。

开会要坐第一排

开会坐在第一排，本质上就是要曝光自己，展示自己。对于职场新人来说，在你没有进入企业的人才扫描区之前，可以选择主动曝光，着重展示自己的能力、态度和勇气。

我在高校做巡讲时发现了一件挺有意思的事：好几次讲座的时候，前排的座位往往是空的，后边倒是坐得满满当当的。这就让我想到了以前读书时候的事情。

说实话，当年我也不太愿意往前坐，因为坐在前面比较麻烦，在老师的眼皮底下，做点小动作容易被看到，而且不小心就被老师拎起来问个问题，要是回答不出来多丢人。坐到后面不仅可以避开这些麻烦，还可以随时开溜。久而久之，不在前排就座，就成了我的一个习惯。

实际上，自从参加工作之后，我就慢慢地改变了这个习惯，而且开始越来越主动地往前坐了。到最近这些年，只要开会，我基本上都坐在前排。原因其实也不复杂，就是从事这份工作，尤其知道了很多企业的游戏规则之后，深深地懂得：其实，对于企业来说，曝光这件事情非常重要。在这件事上，无论是对个人也好，对企业也好，都不能例外。

曝光还是企业发展人才的一种手段。企业通过一系列的机制把人才筛选出来，之后要给他一些挑战性的任务，就是让他把做这个任务的过程、结果展示给高层团队看。只有高层看到和了解了这个人之后，在未来有了合适的岗位，要提拔这个人，要给这个人安排个岗位时，他们才心里有底。说到底，曝光就是让高管团队对这个人有了解。

对于职场新人来说，在你没有进入企业的人才雷达扫描区之前，你可以选择自己主动曝光，就是所谓的刷存在感。刷存在感这事儿其实还是很有价值的，因为它可以很快让别人知道你，了解你，之后有了机会才能够想到你。我一直在讲，如果一个职场新人加入公司已经有几个月时间了，老板还不知道你的名字，那就很麻烦。要想尽一切办法把自己曝光出来。

很多人担忧："我是不是不要显得太积极，那样容易变成枪打的出头鸟。"说实话，我刚参加工作的时候也有这种顾虑，但面对职场上的隐形竞争，你不做就会有别人做，机会可能就只有一个，你不去拿，自然就被别人拿走了。

既然要曝光，要展示自己，你需要怎么做呢？着重展示三个方面：能力、态度和勇气。比如，在一些场合，你可以选择主动站出来。主动站出来这件事本身对于很多人来说是有压力的。我以前工作过的一家公司，每个月都会搞一个生日聚会。具体流程是，找一个会议室，请秘书订一个蛋糕，一堆人围着蛋糕给过生日的人唱生日歌，大家搞搞小活动。这个活动其实挺轻松愉快的，没有给人太大的压力。

但是，我经常看到这么一幕：一进到会议室，总能看到一些年轻的同事，尤其是女孩子，挤在一起，站在墙角，恨不得都钻到墙角后面去，因为他们不想站在最前面。我有时候真忍不住想对他们说：过个生日会都这么往后缩，要是让你当众发言，你还不得紧张死？她们缺少的是什么？勇气！

开会也是曝光的重要途径之一，适合用来展示能力和态度。我一直有一个体会：很多重大的结果，其实都是源于一个很小的动作的。英文里的 think big start small 说的也是同样的道理。

坐第一排难度并不大，但是它会带来很多积极的结果。你可以先从第一步开始，把自己扔到开会的第一排，直接面对着你的老板、老板的老板。接着，你就会逼着自己不由自主地去想提一个问题，想要和他有一个互动，慢慢地就把自己展示出来了。

坐在第一排这件事情真的不大，但是如果你能一直坚持下来还是挺不容易的，而且说实话这是一个很好的习惯，它会从底层去改变你的一些为人处事的态度和基本原则。所以，如果有机会，你一定要多坐坐第一排。

你永远叫不醒一个装睡的人

成长是自己的事。如果你自己不打算认真对待的话，也是你自己的选择。在一堂培训课中，你有以下几个途径可以学习：第一，从课程本身学；第二，从听课的同学身上学；第三，问问题。

在一堂课中，你有几个途径可以学习

第一，从课程本身学。教材既然这样设计，一定有它的逻辑，强迫自己从里面找到你的 top learning。什么是 top learning 呢？就是最大的收获。我坚信，无论你参加多么差的一个会议或培训，只要你够努力，一定能找到你的最大收获。这个最大收获甚至可以是一件什么样的衬衫搭配什么样的领带比较漂亮。如果每天都有一个 top learning，那一年时间呢？

第二，从听课的同学身上学。在培训中，你会听到其他人问的问题和他们关于自己的故事、困惑或挑战。问问自己，如果我是讲师该怎么回答，然后看看讲师是怎样回答的。

第三，问问题。我把这个称之为"挖矿"。这是因为，讲师给你的可能是石头，你不需要，但你问讲师的，讲师再给你，对于其他人来说，可能是石头，但对于你，可能就是宝石了。

怎样问出好问题

在培训中，我特别喜欢带着问题听。老师讲的内容，我会马上和工作中经历过的情况对应起来，看看是不是像老师说的那样，是不是可以按照老师讲的方法来处理，如果不是怎么办。

"一定是这样吗？有没有特例？"

"这个模型、理论怎样用？用的时候有什么限制条件吗？有什么难度吗？"

"在我公司里可以用吗？"

"和我的工作有什么关系？"

不断地自问自答，并思考培训中的内容能回答哪个问题，找不到答案的问题，再去问老师。用这样的方法，你每次的提问，都会是一个不错的问题。

挑战自己

现在，很多培训中都会有练习，有当众分享的部分。对此，我建议：首先，选一个靠近讲师的座位；其次，非常积极地去参与。如果你对自己的表现不满意，甚至觉得很丢人，那么，我真的要恭喜你。你开始进步了。否则，你就躲在角落里，一声不吭吧。你的成长不关别人的事，那是你自己的事！你永远叫不醒一个装睡的人！

记住别人的名字有方法

怎样去记住别人的名字呢？有几个小方法。一是把名片摆在自己面前，在和对方聊的时候时不时瞄上一眼，以便加深印象；二是在讲话过程中不断重复对方的名字；三是联想记忆。

很长时间以来，我一直有一个小毛病，那就是不太容易记住别人的名字，尤其是那种打交道次数不是很多的。有一次，我带着我们家小汪去度假，候车时发现对面有一个人看着眼熟。后来仔细一看，是我以前打过交道的一个朋友。我想打招呼，又张不开嘴，因为想不起来人家叫什么，只好假装没看到，赶快低头，把手机拿出来，开始查微信联系人。等我找到之后，再抬头，那个朋友已经不坐在原来的位置上了。

虽然不是大事，但是我就会琢磨，看见人家却不打招呼，对方会不会误会？度假回来之后，我决定彻底解决记不住别人名字这个小毛病，就查了查资料，并总结了几个方法，具体如下。

第一个办法，把名片摆在自己眼前。

假设你的对面坐了两个客户，你们刚刚交换过名片，那不要急着把名片收起来，而是要整齐在摆在自己的面前。这样，和对方聊的时候就可以时不时瞄一眼名片上的名字、公司，以便加深印象。

第二个办法，讲话时不断重复对方的名字。

在和陌生的客户聊天的时候，比如对面的两个人，一个叫张总，另一个叫李总，聊天的过程里面你可以不断地去重复他们的名字。比如，"张总，你刚才说得很对"，"刚才李总你也说到了"。用这样类似的方法，不断地去重复呼唤对方的名字，通过自己的嘴巴讲出来，这样能强化你的短期记忆。

第三个办法，联想记忆。

当对方说了他的名字之后，你可以用联想的方法来记忆。假设对方叫保强，怎么联想？每个人的联想方式不一样，我会联想成宝强，宝贝强壮，这是一个强壮的小宝贝，没准儿我就能记得住。宝强还能用谐音，叫爆强，超级强，也可以的。

不知道你有没有这样的经历：在公司里面，离着老远，老板叫你："那个谁，你过来帮个忙。"其实，公司里员工比较多，老板不见得都能叫得出来名字，尤其公司规模大了之后，新面孔比较多，老板平时接触不多，但是需要的时候，他一般会习惯于找那些能看得到的、名字容易叫、能够叫得出来的人。所以，有时这就变成隐性的竞争。被老板经常呼唤不见得是一件坏事。

怎么让老板记住自己的名字呢？你可以讲自己的名字有什么来历，有什么小故事。比如说，你的名字是因为自己在大雪天出生才取的，那天如何如何。简单几句话，老板有可能就记住了。另外，你可以把自己的名字和名人联系在一起。比如，有一个小伙子叫李杰，他在向别人介绍的时候，可以这么讲："我这个李杰，就是李连杰把'连'去掉，所以只要记住'李连杰'不要'连'就是我。"
我估计这种介绍大部分人都能记得很清楚。每次在叫他的时候，就
不由自主地心里先笑一笑，再把他叫过来，是一个心情愉快的呼唤。

我读过一个励志小故事，故事的主人公是一位销售人员。这位
销售人员每次见客户的时候，都能让客户记住自己。他怎么做呢？
他只做了一件小事：把自己的名片折一个小角，之后再递给对方。
对方拿到名片之后要有一个打开的工作。之后，这位销售再去联系
对方的时候就会提醒他说："王总，我就是那天和您聊过的名片有
一个角的销售，您还记得吗？"

学会梳理重点，不再忙得四脚朝天

> 为什么我总是忙得四脚朝天，连休息的时间都没有？可能有两方面的原因：一是工作岗位的设置，如果它本身就被设计成一个工作繁忙的岗位，这是客观环境决定的；二是工作效率低，这是受主观因素影响的。

最近，我很忙，每天工作的时间差不多有十四五个小时。早上起床之后，洗漱完吃完饭，一直到晚上八点钟左右；回到家，洗漱完吃完饭，还要继续写写东西，回回邮件，处理一些工作上的事情，差不多要到十一二点钟，有时候晚上一点钟睡觉。第二天起来，再次循环；每天这样子，周末的时候也如此，忙到没有时间去剪头发，没有时间去洗车。

这样的状态正常吗？是不是有些地方出了问题？我相信工作就像潮水一样，有涨上来的时候，也有退下去的时候。忙不是什么坏事，因为人在忙的时候是有压力的。处在有压力的状态，人才可能会被刺激到想一些新的办法。但如果一直忙，那可真的要好好分析，究竟是哪里出了问题。

具体来说，可能有两方面的原因：一是工作岗位的设置，如果这个岗位设置本身就是一个忙的岗位，这是客观环境决定的；二是工作效率低，这是受主观因素影响的。下面，我重点来说说第二个原因。

在展开论述之前，先给大家引进一个公式：

Productivity= Effectiveness+Effciency

在这个公式中，Effectiveness（效能）就是做正确的事，Effciency（效率）则是用正确的方法做事。如果一个人在做正确的事情，并且用正确的方法在做事情，这个人最终实现的Productivity（效果）就会好。有些时候，你看到一名员工做了很多事情，他做事情的效率很高，但是他做的不是正确的事情，不是重点的事情，这个人的绩效就会大打折扣。

效能和效果，二者都很重要。与它们相比，找到正确的事更难，也更重要。怎么样才能找出你工作中最重要的几件事呢？我曾经问过身边的很多同事："能不能马上告诉我，你工作中最重要的三件事是什么？"很少有人能脱口而出。不能脱口而出的原因可能很简单，因为他自己从来就没想过！真正有目标感、有方向感的人，他的头脑中永远有一个任务的重要程度列表。当有一件新的工作进来，他都会问："这件事和我的重要工作有关系吗？它会不会受影响，我需不需要拒绝？我怎么调整？我怎么保证我的重要任务不受影响？"如果你还没有养成这个习惯的话，可以慢慢来，重要的是永远问自己"我最重要的三件事是什么"。

想清楚什么更重要非常难，难度超过我们的想象。在一次培训中，我问学员："你认为你的生活或者你的生命里哪些事最重要？"绝大多数人都会把家人的幸福或者自己的身体健康放在首位。但是，我请他们给 20 项任务排优先级，其中包括开会，处理项目，处理紧急的事情，还有准时吃午饭。大部分学员都把准时吃午饭放在最后。他们在做妥协。我问他们："你的健康对家人重要不重要？你说你最重要的生命目标是家人幸福，为什么到了你做判断的时候，把自己的健康放在最后呢？"有人说不吃一顿午饭影响不大，可当这成为你的指导原则时，少吃的又岂止是一顿午饭？！

其实，很多人都有一个错觉，他会认为这是我在意的，但实际上未必。当大家在决定什么事是你最重要的事情时，首先要搞清楚的，就是到底你最在意的是什么。

不知道要学点什么？送你一个 T ！

T 型模型是说一个人的职业发展要同时具备深度和广度。其中，深度是指要具备自己专业领域里的专业知识、专业技能和专业经验；广度是指要具备不同岗位的经验和一定的领导力。

职业发展对于每个职场人士来说都是非常重要的。到底该发展什么，又该如何发展呢？下面我们就来一一分析解决。

在解决职业发展的问题之前，我需要先给大家引入一个模型——T 型模型。T 型模型是关于职业发展的模型，其中深度就是 T 型模型里面的那一竖，它指的是做某项工作时，你一定要有自己专业领域里的专业知识、专业技能和专业经验。每个人在自己的职业生涯早期的绩效主要是来自于过硬的专业技能。你也可以把深度（专业技能）叫作职业生涯的支柱，这根支柱，有的人粗，有的人细。如果你希望自己的职业发展根基扎实，就需要增加这根支柱的宽度或者广度。

而宽度（或广度）就是 T 型模型里的那一横。宽度包括几类：第一类就是经验。你需要获得不同的经验。比如说，对于一个销售人员来说，他在山东大区，销售做得非常好。如果他希望他的职业生涯再往前走一步，他需要进到总部里，需要获得总部工作的经验。有了总部工作经验之后，他可能还要转岗，转到销售的运营部门，去做做销售支持，做做数据分析。这样，他能对整个销售部门的职能更了解，理解这个组织是怎么运作的，他会有一个更直接的感受。

不同的经验还包括了，他可能以前卖的是公司的一个主打产品，是一个成熟产品，他需要具备卖新品的经验，再去卖卖已经走下坡路的产品。这样，他在销售领域的经验才完整，某一天负责整个销售部的时候，才更能管好整个部门。

第二类就是领导力。领导力的概念其实也是比较宽泛的，在不同的公司里边，它的定义也不太一样。但是，整体而言，它指的更多的是一些软性技能。比如说，你怎么去建设一个团队，怎么去管理人员、辅导人员、筛选人员，怎么去处理两个团队之间的合作、冲突，怎么去做宏观策略的规划，怎么管理资源。这些其实都不属于专业技能，但对于各个职能部门的老大来说，他们都需要具备类似的这种技能。

所以，一个人的职业发展有两个维度：做深、做广。

除了上述两个维度，职业发展还需要从时间角度入手，着眼于目前和未来。下面我们就一起来看一个例子，学习一下如何利用T型模型来写自己的职业发展计划。

小白是一家工业品公司的销售人员，他主要为企业客户服务，工作一年以来，取得了不错的绩效。现在，小白要写他明年的职业发展规划。到底该怎么写呢？可以从下面几个方面入手：

第一，着眼于现在。小白今年一年主要是跟老板跑，明年想多锻炼自己独立写商业建议、商业方案的能力，独立地去运作一些事情。

第二，着眼于未来。小白因为取得了不错的绩效，他希望自己在职业上能够有所突破，希望自己能成为一位带团队的经理。

小白有一个未来的目标——"成为一位带团队的经理"，然后他需要把这个目标分解，看自己缺少哪方面的经验或能力，再把这些缺失的能力一步一步补起来。当然，对于刚刚工作一年的小白来说，他可能不清楚自己要发展什么能力。怎么办呢？可以去找老板聊一聊，问一问，比如，"我的目标是两年后做那个职位，您能不能帮我分析分析，我需要去积累什么经验？"

参考 T 型模型，会帮助你制订出一个相对完整的个人发展计划。

从你的舒适圈突围而出

舒适圈外面的空间比舒适圈里边要大得多。发展一个人的重要手段，就是让他去做那些以前让他感觉不舒服的事。人在职场，本来就是逆水行舟，不进则退。或者改变自己，或者你足够强。

人的发展可以分成几个层次：比较基础的是知识技能；再高一点的就是原来你不能做的事，现在你能做了；原来不愿意做的事，现在可以接受了，甚至又上了一个台阶，可能你开始觉得这么做也挺好，甚至愿意或者是喜欢去做了。这个层次在西方被称为舒适地带，或者叫作舒适圈。

举个例子。比如，很多人在开会，你在下面的时候侃侃而谈，又放松又自在，妙语如珠。但是，请你现在到台上去，站在所有人面前接着谈，有的人就说不出来了。同样是讲话，说一样的内容，在不同的情景下，有的时候很舒服，有的时候就非常不舒服。让人感觉舒服的这个范围就是舒适圈。

拿出一张纸，画一个圈，把那些你愿意做的事写在圈里，包括你喜欢和什么样的人打交道、喜欢处理什么样的事情，把不愿意做的事写在圈外。比如，有人喜欢按部就班地做事情，出去旅行有计划，就会觉得放松、舒服，但突然发生变化，没有计划，就变得紧张、不舒服。对于这样的人来说，有计划地做事情，就在舒适圈内；没有计划地做事情，就在舒适圈外。

你会发现，舒适圈外面的空间比舒适圈里边要大得多。发展一个人的重要手段，就是让他去做那些以前让他感觉不舒服的事。有人可能会问，这不是自讨苦吃吗？没错，就是自讨苦吃。因为在我们的职业道路上，永远有一些我们不愿意做，但又不得不做的事。人在职场，本来就是逆水行舟，不进则退。

但是，舒适圈外有太多的事情，是我们不喜欢的，怎么选择呢？选择那些未来的工作需要你做，但是对你来说有压力、不想做的事！

举个例子。我在加入快消品公司之前在半导体公司工作。那家半导体公司里全是科学家、技术人员，整个工作氛围非常体面。但加入快消品公司之后，忽然发现大家的玩法不一样了，大家搞活动，开的玩笑都比较让我不太适应。比如说，搞活动的时候，经常用婚宴上面那种开玩笑的方法。最开始的时候，我很放不开，但很快发现，你不想玩，别人就不带你玩，就没办法融入团队中。后来，我自己尝试着也去开玩笑。渐渐地，发现没我想象的那么难。到最后，居然乐在其中，再有新同事加入，搞热气氛的那个人成了我！

当然，每个人都有权选择自己的工作，但从职业发展的角度来说，你永远没有办法去选择你下一个团队长成什么样子，永远没有办法选择你的客户，选择你的老板长成什么样子。或者你改变自己，或者是你足够强，可以改变游戏规则！

70-20-10 自我发展法则

70-20-10 法则说，对一个人的成长帮助最大的是在工作中学习，也就是 70% 的部分；其次是向别人学，也就是 20% 的部分；最后才是传统的读书、培训、教育，也就是 10% 的部分。

一个人的成长究竟得益于哪些活动？可能得益于教育，可能得益于读书，可能得益于工作本身，可能得益于向别人学，可能还得益于他的课堂培训，等等。到底哪一部分价值最大呢？70-20-10 法则说，对一个人的成长帮助最大的是在工作中学习，也就是 70% 的部分；其次是向别人学，也就是 20% 的部分；最后才是传统的读书、培训、教育，也就是 10% 的部分。

我们以前也一直讲，一个好的销售人员不是课堂培训出来的。他在课堂获得了基础知识，接下来还需要一个好的师傅带他，把他扔到"游泳池"里让他自己扑腾，然后才能把"游泳"学会。当然，这里还有一个职业匹配度的问题，他可能特别适合，人又很刻苦，所以他才能够做得很好。

我们以前也采访过很多高管，我们会问他一个很简单的问题：

能不能跟我们分享一下，你觉得对你个人职业发展受益最大的一件事。每到这个时候，就特别有意思，基本上这些高管都会开始回忆一段特别黑暗的经历。一家跨国公司亚太区的老板回忆了自己年轻时被派到印度农村的经历。他详细描述了当时的情景：当时的汽车还是沼气汽车，车顶上顶着一个大包，这位老板没座位，就趴在汽车顶上，从熟悉的城市跑到了陌生的农村开拓市场。他回忆起各种痛苦的经历，直到他熬了过来，做出业绩，又被调回总部。他的这段分享让人印象很深，这恰恰也证明了70-20-10法则，实践是一个人学习的最好途径，尤其是这种从黑暗的低谷走出来的经验，对于一个人的成长有巨大的价值。

为什么吃苦能够带来价值呢？你痛苦、郁闷、彷徨，都是因为在做自己舒适圈以外的事。也正是因为你做的全是让你不舒服的事，所以你才会觉得压力很大，才会觉得痛苦。其实，换个角度来看，这不是正在成长吗？

在网上，很多朋友说他们很迷茫，很痛苦。其实，越是到了这种时候，就越是一个很好的成长机会。在一个让你痛苦的环境中，如果你能扛得住，挺得过来，5年之后回头再看，这段经验对你来说就是最宝贵的经验。在70-20-10法则中，把在实践中学习，作为对成长帮助最大的方式，对应的是70%。

20%指的是跟人学。很多企业里都有导师项目、教练项目。除此之外，我们作为员工，可以自己主动找人学。有一年，我招了两个实习生，发现其中一个很机灵，他会留心观察周边的人怎么打电话。不到一个月，他打电话时已经有模有样了，看起来已经很像一个有工作经验的人，而另一个还是刚来时的样子。我以前一直讲，有心和无心差别很大。有心就能主动学习，无心就是被动学习，被动学习就是发现问题别人教你你才会，主动学习就是自己主动地去找。20% 从别人这儿学，更多的其实是主动学习。

最后来说这个 10%。无论是读书、教育，还是课堂培训，这些方式其实解决的都是知识技能层面的问题。

说到"70-20-10"原则，有一种误区。我看到有的企业在给员工做职业发展计划的时候，他们会要求员工按照这个比例来写计划，比如整个发展计划里要有 70% 是在职培训，20% 是向人学等。对不对呢？不能说不对，但这样太机械了，以至于有一些主管会说："你看，公司都已经告诉我们了，发展来自于工作本身，所以你干活就行了，我给你安排一个项目，这就叫发展你。"对于这种做法，我一直不认同。发展并不是让员工把一件事重复一百次，而是每一次员工都能够有一些新的收获。同样的项目，原来有人带，现在没人带；原来要求是这样的，下次要求变一变；这样，员工才能得到发展。

举个例子。比如，我们要提高管理冲突的能力，怎么做？

首先，尝试去解决一些小的冲突。如果没有冲突，可以跟老板聊。这个时候，老板的价值就体现出来了。你把你的想法和老板说，老板可能就会给你安排一些相关的工作。

其次，站起来，环顾四周，看看哪些人特别擅长做这件事。找到这样的人，请他做你的师傅，或者你不用说我要拜你为师，而是私下里跟他多接触，平时多观察他是怎么和人打交道的，他遇到这种情况是怎么处理的。

最后，看一下有没有这方面的书，有没有这方面的课程、培训。有的话，可以去读，可以去参加。

成长不仅仅需要读书

读书对于一个人的成长有帮助，但是不要陷入自我
迷幻、自我满足的读书中。读书更多的是开阔眼界，给
人知识，如果一个人真的要成长的话，还是要从实践中
锻炼，要通过自我反思来实现。

读书到底对于一个人的成长有多大帮助，有多大价值呢？我观
察到很多大学生有一种思维定式：学习和成长就等于读书。这可能
是因为在个人成长的过程中，他所有的学习、所有的知识都来自于
读书，来自书本和老师。学习和成长等于读书吗？有一定的道理，
但是不全对。很多职场新人也有这个习惯，比如说刚刚开始做 HR
的新同事，他会请我推荐一本入门的书或者一个考级的证书。

但问题是，我们在企业里边需要的很多知识、很多技能，往往
是书本没法给的。那种看了很多书，但是技能一点儿不会的也大有
人在，最有名的应该是金庸先生《天龙八部》里的王语嫣。王语嫣
是很多男生的梦中情人，看了无数的武功秘籍，能倒背如流，但就
是一招都用不出来。

由此可见，读书并不是个人成长的全部。于是，我就开始琢磨：

到底一个人的成长是由哪些因素推动的。我发现，公司里有一些同事很好学。他在开会的时候，每次一听到新知识，眼睛就发亮，就要拿出纸笔记下来。但过段时间，我发现他的能力并没有提高多少，他的思维方式还是老样子。

后来，我得出一个结论：一个人的成长有三个层次。最简单的成长，就是获得知识，比如看了一本书，记住了一个公式。再高级一些的层次是技能，不仅仅知道了，懂了，还能够做得出来。最高级的成长，比较难，是一个人的心智模式和思考方式的变化。

一个人的成长应该是全方位的成长，如果一个人过了 5 年，学了不少知识，但是原来的老毛病还在，原来做不好、不愿意做的事，现在还是做不好、不愿意做，我觉得这种成长就是最低层次的成长。

我觉得读死书或者死读书是一种自我麻醉式的读书。因为读书确实能够给人带来一种满足感，一种愉悦感。我有时候看书，每当看到一个颠覆我以前认知的东西，就觉得真的是学到东西了。但是，它如果没有办法改变我们的行为，改变我们的心智模式，那这其实只是一个虚假的自我满足，只是自己骗自己。

如果一个人在读书之前有一些事做不好、不愿意做，读了好多书之后，还是做不好、不愿意做，那这种读书对他来说有什么价值？尤其是现在年轻的同学们想快速发展、提高自己，就面临选择一个有效率的手段和方式来提高自己的问题，在所有的发展手段中，读书应该是效率最低的一种。

举个例子。你想提高演讲能力，有两种途径：第一种就是看书，去书店里面买一些专业书，订《演讲与口才》这样的杂志，经常做读书笔记；第二种就是学到一些只言片语，看到一些技巧之后，找机会去练，找别人给你指导。事实证明，在技能提升方面，后者比前者见效更快。

总而言之，读书对于一个人的成长有帮助，但是不要陷入自我迷幻、自我满足的读书中。读书更多的是给人知识，给人开阔眼界的。如果一个人真的要成长的话，还是要去实践中锻炼，要通过自我反思来实现。

第

08

章

走好职场之路，
生活在自己决定的世界里

和自己保持亲密的接触，倾听自己内心的声音，找到自己想要的东西。不做完美主义者，不做"成功学患者"，以开放的心态迎接工作中的"小确幸"。所有的努力，都将朝着提高生活品质的目标迈进，而不是向上攀升到自己无法胜任的职位。❧

性格内向不是一种病

性格内向者如何才能发挥出自己的优势呢？第一，改变无论什么事都靠自己的习惯；第二，当你需要去表达看法的时候，别往后退，也别躲，不要给自己找借口；第三，要把自己逼到墙角。

很多人认为内向是一种毛病，需要去克服。内向到底好不好？要不要克服？如果我们性格内向，以至于影响到了工作，怎么办？

先来说说什么叫"内向"。在很多人眼中，"内向"就是不爱说话的代名词。其实，"内向"是个心理学概念，是 100 多年前的心理学泰斗荣格提出来的。荣格认为，人类的大脑有两个主要的认知功能：获取信息，以及对获取的信息进行判断。大脑就像一台机器，时刻在运转着，机器运转是需要能量的。能量从哪里来？荣格说，如果你是通过和外界互动来获取能量的，那么你就是外向的人；如果你是通过自己独处来获取能量的，那么你就是内向的人。所以，我倒是觉得把"内向"两个字的顺序换一换，变成"向内"，向内寻找能量，这就更符合荣格的定义了。在荣格的理论中，其实并没有明确人的行为到底要有什么特点。

在广为流传的性格评测工具 MBTI 中，内向被分解为五个维度：第一个维度是一个人与其他人建立联系的方式到底是主动的，还是被动的；第二个维度是一个人在多大程度上愿意表露自己的情绪；第三个维度是一个人和其他人打交道的时候，建立联系的广度和深度；第四个维度是倾向用什么样的方式来学习，有的人是通过大量的和外界互动，提问、讨论、争论，有的人通过自己内省；第五个维度是一个人容不容易被外界环境吸引。

在相当长的一段时间内，我一直认为内向的人反应比较慢，而外向的人反应比较快，直到我看到了一个理论之后才意识到原来恰恰相反。一位英国科学家艾森克提出，人的内外性格差异，主要是因为他的大脑皮层对于外界刺激的兴奋和抑制反应程度不一样。对于外向型的人来说，大脑皮层对于外界刺激是很迟钝的，所以他需要不断地到外边去找刺激。内向的人恰恰相反，他是很敏感的，所以他是回避刺激的。也就是说，内向的人是一种自嗨的人。

有一个非常有意思的实验验证了艾森克的理论，叫作螺旋后效实验，我小时候无意中曾玩过。实验的大致意思是说，你长时间注视着一个旋转的螺旋，当这个螺旋停止运动时，你会看到这个螺旋还在转，但是是朝着相反的方向转的。

根据艾森克的理论，一个人越是外向，螺旋后效的时间越短，停止越快。我记得小时候，我爸工作的厂子里有那种废的轴承，内外两个圈，中间是小滚珠，我小时候经常玩这个东西。在我的印象里，我当时看转动的轴承圈停下来之后，反向转的时间很长，这说明我是一个非常内向的人。

前一段时间，我看了一本书《安静的力量》，作者是美国作家皮克·耶尔。他说凡是靠口才谋生的人，至少有一半是天生内向的人。我后来琢磨了一下，还真的挺有道理。郭德纲曾说："我们怎么判断一个相声演员是不是好苗子呢？你就观察这个人在后台，如果在后台是那种口若悬河的，到了台上准保蔫儿，在后台是那种蔫不拉唧、不声不响的，往往到台上就能够做到光芒四射。"这也从另一个侧面说明，内向的人其实是有很多特质和优势的。

内向者如何才能发挥出自己的优势呢？

第一，改变无论什么事都靠自己的习惯。作为内向的人，我们关注自己，能不麻烦别人就不麻烦别人。对我们来说，其实并不是怕麻烦别人，而是为了减少自己的麻烦。我们要把这种心态抛掉，要尝试着和别人合作，借助别人的力量来解决自己的问题。之前也说过，现代企业是一个分工合作的系统，一个人不可能把所有的事都完成。这种与人合作的习惯无论何时何地都需要。

第二，当你需要表达看法的时候，别往后退，也别躲，不要给自己找借口。

第三，要把自己逼到墙角。在前面的章节中，我们提到管理老板的一个办法是主动和老板谈话。具体怎么做？其实就是把自己逼到墙角，不留后路。早上上班就去约老板的午餐时间，很有可能你还没有想好到底和老板说什么，但是当老板答应了之后，其实你就把自己逼到了墙角，必须要做这件事了。每个人都有一个舒适圈，就像一个硬壳子。打破舒适圈的办法，或者是别人拿一把大锤子从外头给你敲碎，你在里面筋断骨折，很受伤，或者自己拿一把小锤子，从里向外不断去敲，在自己能承受的范围内，给自己压力，迫使自己做一些原来不太习惯、不太愿意做的事。

　　一百年前，荣格提出内外向性格的概念之后，就开始流传这么一句话：性格决定命运。我不太同意这个观点，我认为应该是"了解性格，掌握命运"。当知道自己的偏好是什么、自己是什么类型的人之后，你就可以更好地管理自己。

生活在自己决定的世界里

怎么能够让自己接受自己呢？可以做点让自己满意的事，或者做点让自己骄傲的事。一个人只有内心真正强大了之后，才能进入那种不以物喜、不以己悲的状态，才能够比较平和。

《楚门的世界》是一部很特别的电影，主要情节大概是这样的：楚门（Truman，意为真实的人）从小到大都过着无忧无虑的生活，一切都很顺利。突然有一天，他感觉到好像被别人监听和跟踪了，于是就开始调查这件事，调查来调查去，却得到了一个让他感到特别恐怖的结果。他发现，从出生一直到现在，他时时刻刻都处在被别人监控的状态下，他的整个人生都是被设计的，他虽然叫作Truman，但是他的人生不是真实的。他生活在一场巨大的真人秀里边。他的生活都在被全世界无数的观众观看。

生活在别人的世界里，其实是一件恐怖又可怜的事，就像楚门刚刚发现真相的时候，完全崩溃了。因为他的生活是别人期望的，别人要求的，不一定是自己想要的，甚至自己想要什么，可能都不知道。假设一个人活100岁，能够活36500天，除去童年、少年和老年，中间剩这么一段，能做的事其实有限。有多少事情是真正来自于自己的想法，这是一个巨大的问号。

有人说，人生有三种状态，最高的状态叫先知先觉，中间的状态叫后知后觉，最低的状态叫不知不觉。电影里的楚门，就是不知不觉地生活在别人的世界里的。

心理学上有一个职业驱动的模型。该理论认为，大部分人的职业驱动力包括三种类型：第一种叫作权力，所谓的权力，是指一个人希望影响和控制别人，同时不被别人影响和控制的能力；第二种叫作成就；第三种叫作认可。现实中有不少人主要的职业驱动力来自于别人的认可。别人的态度和意见，对他要做什么，用什么方式做，就显得尤为重要了。但是，很多时候，过于重视别人的认可，会导致自己在不知不觉中做了很多无用功，也让自己变得很痛苦。

我发现，有的人在工作的时候，会觉得别人对他有期望，所以，他就会花很多额外的工夫把这件事做得特别好。因为他希望得到别人的认可、表扬，不知不觉地把自己变成了一个完美主义者。而完美主义者在工作场合下，基本上绩效都不太好，原因就是效率太低了。除了完美主义者，职场里还有一类人也是特别在乎别人对自己的判断、感受的，那就是让我们又爱又恨的"老好人"。

我们曾经讨论过"人为什么要成长"这个话题。我认为，成长的终极目标就是实现自由。很多人都在追逐各种各样的自由，比如说有人追逐财务自由，就是不想受金钱的约束，还有人追求权力的自由。我认为，人生最大的自由之一，是不在乎别人对你的评价，能按照自己的自由意志去生活。

在我的朋友中，有一类相对来说是比较纠结的，叫作"凤凰男"，或者"凤凰女"。为什么？因为他们生活在别人的世界里。这些所谓的"别人"，其中的一些人是他的朋友、同事，大城市长大的老公或老婆，而另外一些是来自于老家的亲戚朋友。不同类型的"别人"对于怎样生活，怎样花钱，有着几乎截然不同的看法，其结果就是凤凰男或凤凰女夹在他们中，左右为难。这是一种巨大的折磨。有一句话很经典，他人即地狱，讲的就是这种状态。

说到这里，我估计大家可能开始琢磨一个问题了：既然不想生活在别人的世界里，我只要从他的世界走出来不就好了吗？我走到我自己的世界里。我不用听别人的意见，我把自己的意见变得强硬一点，心肠稍微硬一点，我自然而然会让自己爽起来。所以，貌似这是一个二选一的问题，到底是让别人爽，还是让自己爽。

如果我们按照这个逻辑继续推演下去，就会进入另外一个极端，那就是生活在自己的世界里。生活在自己的世界里的人，很有可能就变得完全不考虑别人的感受。这种以自我为中心、生活在自己世界里的人，他对于外部刺激反应很迟钝，甚至忽视。当他对于外界的各种刺激没有任何兴趣的时候，这就变成一种疾病了——自闭症。

所以，凡事进行到极端一定不是最好的选择。什么时候让别人舒服，什么时候让自己舒服，我们需要一个标准来做选择题。如果没标准的话，就无所适从，这种标准就叫作你的价值判断，有了价值判断，才能游刃有余。当让别人爽的时候，自己能够做到不痛苦；让自己爽的时候，自己做到心里不纠结，没负担；这才是自由。

由此，我们可以得出一个重要结论：不生活在别人的世界里，也不生活在自己的世界里，要生活在自己决定的世界里。怎么实现自由，生活在自己决定的世界里？向大家推荐一个工具——**NLP**

（Neuro-Linguistic Programming），翻译过来就是神经语言程序学。它包括了 12 条 NLP 定律。我是这 12 条定律的坚决拥护者。

比如说，"每一个人都具备使自己成功快乐的资源"。前面说过，获得认可是人的一个基本需求，就像一株小苗要长大，需要阳光和水一样。以前阳光是从窗户外照进来的，来自于别人，现在我们把这扇窗户关上，不需要来自别人的阳光雨露了，我们自产自足，从自己这里获得认同和认可。

其实，自己对自己满意，是一件挺不容易的事。因为每个人都很清楚自己有什么毛病，而且总是不由自主地拿自己和别人比较，自己身上的一些小毛病会被自己放大。有一次，我的牙上出现了一个小洞，当我用舌头去碰这个洞的时候，觉得这个洞挺大的。但是，用镜子去照，发现其实是一个很小的洞。有的人会纠结于自己的小腿粗了一点，有的人会纠结于自己的脸长了一点、眉毛浓了一点，其实在别人的眼里看起来这都不是事。

但是，过自己这一关真不太容易，让自己对自己满意，接受自己，能够和自己相处，这是需要花一点工夫的。怎么能够让自己接受自己呢？可以做点让自己满意的事，或者做点让自己骄傲的事。其实，满意和骄傲对于不同的人来说，难度是不一样的。

比如说，有的人每天早上 6 点钟起床背单词，能坚持 28 天，可能对于其他人来说，这不叫事儿，人家可能 5 点钟就起床跑步去了。但是，对于自己来说，这是一个巨大的肯定。通过这样的事不断地给自己肯定、认可、认同，慢慢地，就会觉得我也是不错的。举一个极端情况，如果你周围的人对你的判断都不好，以至于影响到你对自己的判断了，这个时候怎么办？我觉得你可能是待错朋友圈了，换一个朋友圈待着就好了。

就像把姚明放到其他运动队，我估计他身边的朋友、同事都会说："姚明你太不适合做这一行了，你就不该做，你就没能力做好。"但是，反过来，如果把他放在篮球队里边，他立刻就成了明星。所以，如果所有人对你的看法都有问题，都影响到你的判断了，那么换一个朋友圈待一待。有的时候，我们说，当一个人看世界到处都是问题的时候，他有可能是把自己放错了位置。反过来也一样，当别人看你怎么都不对的时候，可能是你选错了环境。

我自己就属于那种需要别人认可来驱动的类型。在相当长一段时间之内，我有变成"老好人"的倾向，还好及时悬崖勒马了。终于有一天，我突然间意识到，其他人对我怎么看，我其实不太在乎，我觉得我自己挺好的。那时，我真的觉得浑身轻松，有种强烈的自由感觉，而且有一种成长的感觉。这个体会我跟好几个朋友都讲过，他们说在他们的成长经历里边，也有类似的经历。

一个人只有内心真正强大了之后，才能够进入那种不以物喜、不以己悲的状态，才能够比较平和。否则的话，情绪会起起伏伏，你的情绪不是你自己能决定的，而是别人决定的，这就是生活在别人的世界里。

避免成为无药可救的"成功学患者"

"成功学患者"有两个明显的特点：第一，内心非常渴望成功，有很强烈的欲望；第二，相信世界上存在捷径。成功学基于的那些理论、道理都是正确的，但却是正确的废话。

　　我有一位美国同事，个子很高，光头，一讲话就脸红。他的老家在美国的中南部，那里的人口音特别怪。我开始的时候一直听不懂，但是这不影响我和他的关系。我们俩很谈得来，他向我学中文，我向他学英文。我那个时候挺爱听歌的，就给他拷了不少中国流行歌曲。他也拿了个大 U 盘，有一天早上跑到我这儿来说我给你拷点歌吧，我说好。他还跟我很神秘地说："我这儿还有一点好东西，你要不要？"我以为是一些自己没见识过的美国玩意儿，非常激动。后来，他把东西拿过来了。我一看，一大堆各种各样的讲座录音，比如如何成为顶级销售，怎样成功地影响别人，怎样管理自己的人生，等等。再后来，我才意识到，原来这个东西就是原装的美国成功学。

　　几年之后，我开始了频繁出差的生活。穿梭于各大机场，我经常可以在机场书店看见一拨又一拨的成功学大师的脸在图书上闪耀。

到了今天，我觉得大部分人对此都有免疫力了，但还是有人对它深信不疑。为什么这么多年来，成功学始终能够在人们心中占有一席之地，它背后到底有着什么样的原因呢？

说到成功，谁不想成功？再进一步问，我们要的成功是一样的吗？大部分人渴望的成功基本都差不多，就是求名求利而已。这是世俗的成功。所谓世俗的成功，就是当你有钱或出名之后，周围的人，比如亲戚、朋友、老乡都会特别羡慕你。如果再进一步，到底有钱到什么程度，出名到什么程度才算成功呢？那就因人而异了。

我曾经问过几个朋友："你觉得成为你老板那样子算成功吗？"他们笑而不语，摇摇头。我又问："如果成为你老板的老板那样的人，你觉得成功吗？"他们还是笑而不语。对于大部分人，当我们提到成功的时候，脑子里边浮现出来那个人是谁？马云出现的概率估计很大。确实，如果从世俗的成功的标准来衡量，两条标准马云都符合。他就是世俗成功的样板。（当然，可能他本人并不在意这些。）

和一个迷信成功学的人聊天，是一件非常痛苦的事，感觉上就像和外星人在讲话一样。有一次，我和一个迷信成功学的朋友聊天，发现不管怎么讲都讲不通。我的脸色很不好看，而且一直在心里默默地吐槽："这人是不是疯了？"估计他见到这种场面的次数比较多，早就了解了我们这些人的心理，慢条斯理地说："当大部分人都以为我发疯的时候，我离成功已经很近了。"我心里真的忍不住想："你离成功地发疯已经很近了。"

像这样的人，我把他叫作"成功学患者"。虽然大部分人，包括我自己，对于成功都是非常向往的，但这并不意味着大部分人都会成为"成功学患者"。成为"成功学患者"，要具备两个特点：

第一，内心非常渴望成功，有很强烈的欲望；第二，相信世界上存在捷径。

当一个人对于某件事有非常强烈的欲望，想要把这件事情做成的时候，我们不太容易判断他能成功的概率有多高。但是，我们能比较容易地看出来，他受骗的概率会很高。比如说，就在我们身边，经常去听各种各样的健康讲座、买保健品的大爷大妈们，就是因为对于健康有非常强烈的意愿，所以才让骗子有机可乘。当具备了第一个条件，同时又相信世界上存在着捷径时，这个人就很容易变成一个"成功学患者"。

实话实说，相信确实是一种强大的力量。但是，过度的相信就容易变成迷信。相信和迷信中间只隔了一条马路而已。如果你不看红灯闯过去了，那就容易走进迷信的误区。"成功学患者"迷信世界上存在着这么一样东西——"它可以让人用最短的时间，用最小的代价，用最简单的方法获取最大的成功"。

我的微信朋友圈里边有不少卖各种面膜、减肥酒、减肥茶的微商朋友们，每天真的很辛苦，不分节假日，不分白天晚上，一直刷朋友圈。对于他们，我深表敬意，因为人家不偷不抢，靠自己的努力改变生活，这本身无可厚非，但是别做过线。如果天天过来劝你"做这个很好，为什么不跟我一起做呢"，开始跟你讲月入百万，买大宅豪车，迎娶白富美，走向人生成功的巅峰……像这种人，我点完赞之后就默默地把他拉黑了，敬而远之。

那么，那些所谓的成功学大师是怎么让人们相信成功学的呢？他们特别善于利用大家都知道的一些常识，并将其简化、精炼，反复强化。他们的课程设计里会配上行动，比如说去拥抱一下陌生人，去人多的地方讲话。他们这样做的目的是什么呢？就是让你感受到你在改变自己。

成功学基于的那些理论、那些道理都是正确的道理和人所共知的常识。这点是不容否认的。但实际上，这些道理和常识就是一些正确的废话。在成功学定义的这套逻辑里边，把一个复杂过程所导致的结果简化再简化，变成了一两点原因，而这两点原因就是前面提到的正确的废话。

比如说，成功学里会提到，人要努力，如果你不努力的话，就连机会都没有了。他把成功的原因归结为努力，如果不成功，说明你努力还不够。这是一个自洽的系统，它能够自圆其说，所以，让你听起来感觉好有道理。但是，实际上不见得是对的。很多时候，道理和真理是不太一样的。

真理是准确打开门锁的那把钥匙，道理是一大串钥匙，每一把都像，但是实际上不一定能够打得开门，只要说得通，逻辑上说得顺，这就可以成为一个道理。但是，道理不见得能在实践里边被证明。毕竟，实践是检验真理的唯一标准。

再来举一个例子。比如说，一个人要成功，一定要节俭。我举巴菲特的例子，巴菲特这么有钱，却住在一个很偏僻的小镇上，自己住的是几万美元的房子，开的是几千美元的车，从来不浪费，所以他很成功，这是一个逻辑。我们还可以讲另外一个逻辑：还有一个人，他平时经常请客、吃饭，结交各种各样的朋友，从中看到了商业机会，到最后发了大财，迎娶白富美，走向人生巅峰。不管哪种逻辑听上去感觉上都是有一点道理的，但是不一定正确。

至此，我们就完全清楚了为什么成功学会影响那么多人。

第一，成功学把一个非常复杂的过程产生的结果，简化为一两点我们都认同的常识，变成了一种正确的废话。

第二，成功学的逻辑形成了一个自洽的系统。就像刚才提到的，人只有努力才能成功。如果你没有成功，说明你还不够努力，这就是我讨厌成功学的原因之一。我接到过很多次电话销售员的骚扰电话，为什么他们坚持不懈地给我打电话呢？我猜原因可能就是他们在企业里边受到了成功学的洗脑。成功学告诉他们说，如果你给客人打一遍电话，客人不愿意买你的产品，就打第二遍；如果第二遍不行你就打一百遍，一百遍不行打一千遍……这不是坑人吗？

第三，成功学给信徒以希望，让大家觉得，只要沿着它的方向走，就一定能成功。当一个成功学的理论或者逻辑符合这几个特点的时候，再配上这些成功学"大师"坚定的眼神、肯定的语气和激昂的声音，再加上他们自己冠名的显赫的背景，比如说亚洲第一人、世界第一人，这些因素综合在一起，会给听众传递一个很强烈的信息，会让人不由自主地相信。如果恰好又碰到了那些想走捷径的人，他们就会成为这些成功学的信徒，会成为无可救药的"成功学患者"。

那么，我们该怎样避免成为"成功学患者"呢？

第一，每个人的成功都是不同的，把你的成功大大方方地和别人讲，没什么不能说的。比如说，我想要的成功就是体面地赚钱，养家糊口，能够实现自由。

第二，通向成功的道路可能有捷径，但是请你忘了它。

出差要带很多东西是缺乏安全感的表现

为什么出差要带着这么多乱七八糟的小东西、小物件呢？就是为了让自己舒服，让自己放松，让自己感到安全。正是因为缺少舒服感和安全感，人们才会不自觉地努力给自己创造一个舒服安全的环境。

以前，我出差时有一个坏毛病，带的东西总比同事要多，特别热衷于带小的瓶瓶罐罐，比如眼药水、驱蚊水、创可贴、万金油。我还专门有一个大包，里面放着各种各样的药，比如感冒药、拉肚子的药、治扭伤的膏药、云南白药。结果，我同事背一个双肩包的时候，我就一定会拎一个小箱子；他拎一个小箱子，我就带一个大箱子。为这事儿同事经常笑话我。

有一年，我们部门到合肥搞活动。到了合肥，我们四十多个人坐乘大巴去目的地。结果开车的司机迷路了，带着我们在市区周围一直绕圈。就在那个时候，我突然拿出来一个 GPS。当时，所有人都看傻了。我同事问"我们出来开个会，你带这玩意儿干吗？"我说："以防万一，你看这不是用上了。"

因为在当时，手机还没有导航功能，基本上找路就要靠地图。

就在那个晚上，这个 GPS 确实发挥了重大的作用。我就举着 GPS 指挥司机成功地把我们送到酒店。那件事之后，我同事再也不嘲笑我了，还说缺东西了就去找老汪。

当年，我还因此扬扬自得。但是，后来，我发现，带东西太多，不光是一件很累赘的事，还是一件非常浪费时间的事。开始的时候，我还拿一句话来安慰自己，穷家富路。我记得，刚上班的时候，我妈一直跟我讲出差的时候多带点钱，多带点东西，比较放心。到后来，我发现我带的东西比别人多太多了，那就是个问题了。再到后来，我自己都觉得不能再继续下去了，因为太折腾。出差之前，我光是准备那些东西，就要花上好长时间。

我曾经对自己做过自我分析：为什么出差要带着这么多乱七八糟的小东西、小物件呢？就是为了让自己感到舒服，让自己放松，让自己感到安全。那为什么要这样呢？缺少什么才要求什么，就是因为缺少这些安慰、认同、安全，才会不自觉地努力给自己创造一个舒服安全的环境说到底，就是缺乏安全感。

我认为每个人都有这个倾向，喜欢待在自己的舒适圈里边，待在自己的安全圈里边，只不过程度有轻有重而已。有的人可能比较容易走出去，有的人就不那么容易走出去，对于我当年来说就不太容易。就好像一个人可以是亚健康的状态，再严重点就会变成生病的状态。到了生病的时候，再去打针、吃药那就太晚了。

最好的方法就是在亚健康的时候就意识到了有点问题，必须得采取点措施了。这靠什么呢？靠自我认知，没事就自己照照镜子，看看有什么问题没有。当年我就意识到缺乏安全感是一个挺大的问题，因为它会带来很多后遗症。

比如说，当一个人缺乏安全感了，他对于外界的风险容忍程度就很低，他总想做到完全的准备。做一件什么事让他下一个决定就会很慢，他要不停地收集资料，不停地想，左顾右盼，别人都已经做完了，他可能还在想呢，这不就是拖沓吗？还有那些我们纠结的处女座各种各样的认真或较真，可能也是缺少安全感导致的。

缺少安全感的人在内心深处会有一个控制不了的倾向，那就是求安全。谁能给他安全，他就会不自觉地靠近这个人。这会带来一个什么问题呢？他可能会过分地在意别人对自己的看法，会产生一种被需要的感觉。再进一步说，它直接的表现就是这个人比较愿意帮助别人，有成为"老好人"的潜质。因为无偿地帮助别人，别人就给你安慰，就给你认同，这让你觉得安全。

缺少安全感的人还容易轻信人。同样是与陌生人见面，因为你心里有这个倾向，就会比较容易相信别人。

那缺乏安全感这件事情是怎么发生的呢？如果用心理学来解释，就是一个人的童年生活经历会影响到成年之后的安全感。如果童年生活有阴影，长大之后就容易缺乏安全感。以我自己为例。我小时候有一段时间住在亲戚家。不管亲戚对我照顾得有多好，不在自己父母身边可能就会导致缺乏安全感。我自己分析，可能有这个原因。

一个人从小到大，会不断地受到外界各种各样的刺激。一个人的安全感取决于他的"堤坝"有多高，这个"堤坝"是什么呢？我觉得就是你有多相信自己。那就是自信。所以，要解决安全感的问题，我认为，一个有效的方法就是让自己强大起来，或者认为自己很强大。当一个人的自信度提高之后，他的人格会独立，态度会坚决，会带来无穷无尽的好处。对此，我深有感触，也受益匪浅。

如何迎来工作中的"小确幸"

无论是工作中，还是生活中，我们都可以尝试在时间和空间上给自己留白，同时尽量睡一个饱觉，以便提高自己的感知能力，去感知那些工作和生活里的"小确幸"。

当一个人特别忙的时候，他会丧失感知力。什么感知力呢？感知幸福的能力，感知那些微小幸福的能力。后者就是我们常说的"小确幸"。如何才能迎来工作中的"小确幸"呢？

留白

有一次，我为公司做员工培训手册，首页需要放上总经理的照片，同时放上他的一封信。设计师出了第一稿，我看着不太满意。因为首页上空了一大片，只放了一张照片，文字比较偏下，我当时要求设计师把这个往上调一调，要不然太浪费空间了。设计师说："这不挺好看的吗？"我说："从效率上讲，上面那么大一块空白你不用，不浪费纸张吗？"

后来，这个设计师说服了我。他说，国画有一个专门的艺术表现形式，叫作留白，就是留出空白。只有留白才好看。如果密密麻麻的，反倒看起来不美。当时，我是真没感觉到这样处理有多么好。但是，后来慢慢地看，我觉得确实空出来一点更好看。再后来，我觉得他说的是对的，确实是要留白。所以，我们公司那一期的员工培训手册就按照他的设计去制作了。从那之后，"留白"就给我留下了深刻的印象。

后来我琢磨了一下，留白这个概念可用的地方很多。就拿办公桌或者家里的书桌来说，如果整理得井井有条，大片的空白，偶尔放那么一点点东西，看起来就会很舒服。工作和生活其实一样，如果在时间和空间上不给自己留白，一个人就容易麻木，麻木了后就容易丧失感知力，当然也就感受不到那些微小而确定的幸福了。当一个人感受不到自己工作和生活里的小幸福时，他就不会觉得这是一件很有乐趣的事。时间长了，就会变得倦怠，甚至就不想干这个工作了。

留白还有时间和空间之分。空间上的留白就是独处，时间上的留白就是给自己留出一点点空余的时间。我们都在用日程表，日程表的时间往往不是自己决定的，一个又一个的会议邀请把你的日程表渐渐挤满。我看到有人会在每一天或每一周找一个固定的时间段，把自己的时间锁起来，不让别人占用。他用这个时间让自己远离这些繁杂的、琐碎的事，让自己的脑袋清空，给自己创造出独处的时间。

睡个饱觉

这个方法来自于一个国外的女创业家阿里安娜·赫芬顿。阿里巴巴曾经举办过一次全球女性创业者大会。在这次大会上，赫芬顿分享了一件事。她说："每个人都会给自己新的一年写好多计划，我的计划非常简单，是什么呢？四个字，睡个饱觉。"为什么是睡个饱觉呢？这来自于她一个很惨痛的教训。2005 年，赫芬顿创立了一个网站，叫作赫芬顿邮报。这个网站在 2012 年获得了普利策新闻奖。这是一项很高的成就。但是，这位女创业家却在创业之后的第二年，因为太忙，每天工作 18 个小时，一头栽倒在办公室。她说，后来的很多反思都是在医生的办公室里进行的。

说到睡个饱觉这件事，我发现有的人一天睡 4 个小时就够了，但对于我来说，如果少于 8 个小时，第二天会特别没精神。我一度认为睡眠不足对一个人的影响充其量是无精打采，工作效率降低，脑子转得慢一点，但是前一段时间看了一份报道才明白，长期睡眠不足，对于一个人的影响，可能远比刚才我说的那些后果要严重得多。它不仅仅影响到一个人的工作效率，还会影响到一个人的情商、自尊、自信，以及积极思维。如果长期睡眠不足，一个人会更倾向于从消极的角度去看待一件事，也就是说，一个人的积极思维、认知决策能力会受睡眠不足的影响。

所以，无论是工作中，还是生活中，我们都要尝试着在时间和空间上给自己留白，同时尽量睡一个饱觉，以便提高自己的感知能力，去感知那些工作和生活里的"小确幸"。

我们的职业道路充满着各种可能

和自己保持亲密的接触，倾听自己内心的声音，找到自己想要的那样东西。所有的努力，都将朝着提高生活品质的目标迈进，而不是向上攀升到自己无法胜任的地位。

美国著名管理学家劳伦斯·彼得，在他所著的一本名为《梯子定律》的书里，提出了一个著名的、但有些悲观的结论：每个人在层级组织里都会得到晋升，直到不能胜任为止。换句话说，一个人无论有多大的聪明才智，也无论如何努力进取，总会有一个胜任不了的职位在等待着你，并且你一定会达到那个位置。这就是著名的"彼得原理"。彼得原理告诉我们，我们的职业之路走到终点，到达了那个我们做不好也不需要的职位之后，或者是从这个位置上摔下来，跌得鼻青脸肿，或者是成为那些自己曾经讨厌的企业官僚，为了保住位置用尽心力，身心俱疲。

这是一个魔咒吗？彼得研究出了晋升瓶颈的问题，他当然不愿意自己也掉进去，也希望自己能够不被它限制。于是，他提出了职业道路的对策，即彼得座右铭：

身为人类家庭中的一名优秀的成员，我发誓要尊重自己，也尊重他人，并透过言语或行动实践我的主张。我发誓我个人的一举一动或所有决定，都将朝着提高生活品质的目标迈进，而不是向上攀升到自己无法胜任的地位。我发誓常和自己保持亲密的接触。

有很多朋友对我说："老汪，你出来创业很有勇气，很有情怀！"勇气？情怀？很多中年开始创业的朋友，勇气和情怀当然都有，但是，除了这些之外，还有对于未来深深的焦虑。这种焦虑我有，我身边的很多同事朋友也都有。多年前，我的一位同事出去创业。我问他，为什么选择自己做。他说："我希望每年自己给自己做绩效评估。"每个人都希望能够掌握自己的命运，他是这样，我是这样……我猜，你也是这样。

我们每个人都生活在一个框子里，费了很大的劲儿，打破这个框子，钻出来，才突然发现，又被另一个框子套住了。这个新的框子，可能是自己给的，可能是用户给的、团队给的、投资人给的。做的事情可以常换，但纠结常伴左右。说到底，这还是我们要怎样和内心深处的那个自己相处的问题。

这个问题想清楚了，无论是坐在格子间里开会，还是在车库里写代码，只要是在为自己而努力，就不会纠结。这就是"和自己保持亲密的接触，倾听自己内心的声音，找到自己想要的那样东西。所有的努力，都将朝着提高生活品质的目标迈进，而不是向上攀升到自己无法胜任的地位"。当我们工作的目标是为了满足自己内心的那个小小的自我时，我们就踏上了通向自由王国的路。

这就是彼得原理给我带来的启示，问自己要的是什么，为之努力，而不是沿着职业路径，被惯性推着前进。

彼得所在的年代，正是美国的世界级大企业高歌猛进大发展的时代。绝大多数企业都是典型的金字塔型组织架构，所有人都是那个爬在树上的猴子，看着上面的屁股，踩着下面的脑袋，努力向上爬。彼得原理没错，可它是那个旧时代的规则。

世界已经变了，而且在朝着一个我们谁都看不清的方向狂奔。最近很多大企业裁员，这说明了一个问题：大企业的日子也不好过了，这里面有经济的原因，有发展环境的原因，但谁能说，这不是他们自己的原因？！

未来的企业组织形态可能会变得更加有机，更加无序。我坚信在未来10年内，超薄、超轻的组织在一些行业会成为主流。看看互联网最近几年的蓬勃发展，吹去浮在上面的泡沫，其实，我们能够看到，劳动者个体的价值已经开始浮出水面，他们开始可以摆脱大机构的束缚，他们创造的价值可以通过最短的路径传递给用户。这种价值传递的方式和效率已经通过互联网得到了优化。他们自己就是一个个独立的产品提供者、服务提供者，他们不再需要一个中心，中心将被抛弃。

在未来，我们可能会摆脱彼得原理的魔咒，让自己的职业之路充满各种可能，传统职业路径依赖会减轻，甚至消失。在未来，一个懂数据库的司机也会是个好厨子。每个人都可以充分挖掘自己的天赋，持续学习，在一个自由领域内充分施展才华，获得回报。在未来，我们可以从一个被捆绑的签约职业人变成一个自由的专业人。

第

09

章

成为出色的职场人士，
你还需要掌握哪些新技能

要在职场江湖任意驰骋，除了要管理好老板，处理好同事关系，你还要掌握一些职场新技能。比如，学会倾听，微笑着打电话，重视用目光交流……

真正的创新有时候就是逼到墙角的创新

很多时候，我们所做出的决定里，有各种各样的预设前提，就像埋在土里的萝卜。当无路可走时，我们可以把那些埋在土里的预设前提一个一个挖出来。每次找到一条假设，把它推翻，就可能带来一个新方法。

很多公司都存在着"政治正确"的事，公开场合你是不能说它不好，也不能说它不对的，但是如果你真的去做的话，就会发现没有什么用，还浪费时间。比如，创新这件事，本来是一件激发公司活力的事，结果往往成了典型的"政治正确"事件。

我看到，不少公司把创新捧得很高，尤其是技术类公司，把创新做成大标语，贴在墙上。无论是公司的员工，还是来联系业务的客户，总能第一时间看到。但是，如果某一天，你真的走进了那家公司，随便叫过来一位正在办公的员工，问他："来，朋友，给我讲一讲，你们公司做过的最牛的创新，有哪些地方让你印象深刻，又有哪些地方让你骄傲？"没准儿这位员工跟你讲的，就是他负责的产品，他负责的系统，如此而已。至于是否真的有创新，很难说。

正因为很多公司都高喊创新，所以市场上相关的培训和咨询产品特别多，但大部分都是东拼西凑的，讲故事，做游戏，令人深受启发的少之又少。下面我就来讲一个令我颇有启发的案例。

一家快消品公司中国区的 CEO 决定，在未来三年内，要把销售指标翻一番。他把这个任务派给了各个部门的经理。这些经理一周之后把方案就提交上来了。CEO 打开一看，呦，基本上没别的，就是要人要钱。生产部经理说："未来三年内，你要给我建两条生产线。只有我的生产线扩容了之后，才能够给你供货。"销售部经理说："你要给我销售预算，在未来三年内，我的销售代表人数要给我增加 50%。"……

CEO 看完之后，很简单地告诉他们："对不起，没这么多钱，也没有这么多人，你不是要 50% 的人吗？我给你 20%，剩下的自己想办法。你要两条生产线，好，我给你加一条，剩下的自己想办法。"当然，这个过程不会这么简单，但是到最后，这些部门经理也同意了拿着 CEO 改过的方案，回到自己的团队里："这就是上面给我们的方案，你们看着办。能干就干，不干换人。"接下来就进入我们都熟悉的模式了，这个指标会从上面一层一层地传递下来，最后落到每一位基层员工肩膀上。

对于销售部门的基层员工而言，一个销售代表以前每天要跑 10 家门店，现在，对不起，你要跑 15 家门店，跑不下来？换人！很多在基层工作的朋友，并不知道经理们、老总们讨论了什么，但是每个人都能看到公司的指标年年增长，压力年年变大。这就叫传统的打法。创新什么时候发生？在这种时候，创新不太容易发生，但是，当这个要求变得高不可攀、没法实现的时候，创新有可能就会发生。

同样是这个案例，教授把条件改变了一下：现在 CEO 给下边各部门的要求不是三年之内销售指标翻一番，而是翻三番。到了这种时候，估计下边的部门经理就有人拍桌子说不干了。比如说，销售部经理就很有可能这么说："让我的销售代表一天跑 15 家店，还能撑一撑。你让他一天跑 40 家店，这是不可能的！"在这样的情况下，貌似进入了死胡同，创新就成了一个无解的问题，但实际上不是，因为这里有一个隐含前提：就是大家都在按照以前的方式做事情。

很多公司都存在着一个销售额和销售人员的配比，你要做到多少销售额，就需要有多少销售人员。在这个配比条件下，销售额增长多少，销售人员就需要增长多少。当这个配比被打破的时候，就意味着你的做事方式、商业模式要发生变化了。所以，很多商业创新，包括流程创新、制度创新，往往是被逼到墙角，用传统的办法解决不了的时候才会出现的。

当一个特别让我们惊叹的创新出现的时候，它背后往往站着一个被市场、被竞争对手逼到墙角的管理团队。当然，承受能力强不强，是不是一下子逼死了，或者逼垮了，或者逼跑了，这是能力问题。

有一家美国公司叫作 Netflix（奈飞），大名鼎鼎的美剧《纸牌屋》就出自这家公司。Netflix 提出来员工需要具备的九个能力，其中一个就是创新，而且这家公司对创新进行了比较具体的定义。根据这一定义，创新表现为四个方面：一是重构概念，回到起点；二是挑战假设，给出更好的办法；三是想出新的点子，并且证明它是有用的；四是把复杂度降低，更快更敏捷。

下面我们就用这个定义来分析一个事例。比如有一次，老板要求我们拍一个视频去宣传一个新项目，但发现钱不够，怎么办？回到这件事的起点，我们会发现，拍视频的目的是通过做一个好玩有趣的视频，让更多的同事知道这个项目，愿意去报名参与这个项目。所以，我们重新定义这个问题，它就变成了"我有什么样的方式，能够变得特别有趣，能够吸引用户，让用户关注这件事"。重新定义了问题之后，我们就会发现思路开阔很多，因为吸引用户，让用户觉得有趣，其实有好多种办法。

对于拍视频这件事本身而言，也存在着很多假设。假设之一，以前拍视频，是通过供应商来拍，这一次也应该通过供应商来拍。再深挖一下，还有一个假设，这个假设是我们团队是没有制作视频的能力或者资源的，这个假设也有可能不对，因为现在手机上的 App 特别多，自己给家里的小朋友拍视频可以处理得很漂亮，为什么在家里能拍，到公司就不能拍？一定要用几万块专门找一个视频制作公司来拍呢？

很多时候，我们做出的决定里有各种各样的预设前提，就像埋在土里的萝卜。当无路可走时，我们可以把那些埋在土里的预设前提，一个一个地挖出来，把它洗干净，看一看到底这个假设是什么。每次找到一条假设，把它推翻，就可能带来一个新方法。

倾听：职场生活中一种很重要的能力

在职场生活中，倾听是一种很重要的能力。如何才能做到更好地倾听呢？LADDER 充分发挥了西方逻辑和打法的优势，把倾听的表现一层层分解，变成一个个具体的行为。

在职场生活中，倾听是一种很重要的能力。如何才能做到更好地倾听呢？这里为大家介绍一种倾听技能，用一个单词来描述，就是英文里的梯子（LADDER）。LADDER 充分发挥了西方逻辑和打法的优势，把倾听的表现一层层分解，变成一个个具体的行为。下面我们就来看一下。

第一个字母 L 对应着两个英文单词，Look 和 Lean。这个组合是说，倾听时你要身体稍微前倾，眼睛注视着对方。当然，不是死死地盯着对方。如果死盯着对方，容易引起误会。我在做培训的时候，作为讲师，能够明显地感觉出听众是不是在认真听。当听众对于我讲的内容不关心或者有抵触心理的时候，有的人会不自觉地做出往后仰的姿势，有的人会双手抱着肩膀。总之，他们会从身体语言上表现出他们的态度。

第二个字母 A 对应 Ask。这是指，倾听时不要一直听，而要根据对方说出来的话，能够适当地提出一些问题。比如，对方说他上周看了一场电影，这个时候你就可以适当地问，是不是看的××电影，是不是在哪里看的，等等。这表示你关心对方所说的这件事。

第三个字母 D 对应 Don't interrupt，不要去打断。

第四个字母 D 对应 Don't suddenly change topic，不要突然间变换话题。

之前，我经历过类似的事情。当我正讲得兴高采烈的时候，对方突然打断我，开始说他的看法，而我的话还没讲完，还没尽兴。如果要做一个好的倾听者，要让对方讲得爽，让他把观点讲清楚，不要打断他，也不要突然转换话题。

第五个字母 E 对应的是 Empathy，同理心，即站在对方的立场，从他的角度想问题。

一次，公司招来了一位刚刚毕业的大学生。当时，公司恰好有一个机会，要派她到海外待一段时间。一般情况下，接到这个任务的员工都是兴高采烈的，因为很多在外企工作的人都期待着到国外去工作一段时间，既开眼界，又丰富了工作经历，何乐而不为。万万没想到那个员工很抵触，后来经过深入了解才知道，因为她刚刚参加工作，对一切都是陌生的，而且作为女孩子，她特别紧张。反思这件事，是因为我们站自己的角度去考虑，而没有站在她的角度去考虑，这就是缺少同理心的表现。

第六个字母 R 对应 Response，回应。当别人和你讲话时，你要表现出听的状态。什么叫听的状态？点头、微笑、做笔记，还有回应，比如说发出一些声音，嗯，很好。

小心这些"临界点"：年终奖多 1 块，交税多 1000

为什么年终奖只多了 1 块钱，个税就要多缴上 1000
块呢？这涉及个税缴纳的标准问题。在 7 档标准中，会
产生 6 个年终奖临界点，它们分别是 1.8 万、5.4 万、
10.8 万、42 万、66 万，以及 96 万。

每到年底，身为职场人士的我们大部分都会领到年终奖。辛苦
一年了，拿到奖金，大家都很开心，但是还有一个问题不容忽视——
纳税。根据我国相关法规的规定，年终奖属于个人收入的范畴，要
缴纳个人所得税（以下简称个税）。那么，年终奖是怎么缴税的呢？
为什么有人的年终奖只多了 1 块钱，他的个税就要多缴 1000 块呢？
下面我们就来一一说明。

2011 年，国家对个税的税率进行了调整，把以前的 9 档变为 7
档。现在，个税缴纳就是按照 7 档的标准。其实，2011 年的税率调
整还涉及年终奖的缴税问题。调整之前，大家拿到年终奖会很高兴，
但高兴之余也为需要缴纳的那么多个税感到头疼。调整之后呢，年
终奖被平均分到 12 个月，重新算税率，按照这 7 个档次，一个一个
档地去算下来，该缴多少缴多少。

　　这个调整确实不错，大大减少了年终奖的纳税数额，但是也会出现一些比较特殊的情况。比如说，公司里有两位员工老张和老李，老张拿到的年终奖是 18000 元（即 1.8 万元），老李拿到的年终奖是 18001 元。两人的年终奖就差 1 元，那么他们俩要缴多少税呢？按照调整之后的计税方法，老张要缴 540 元，老李要缴 1695.1 元。是的，你没有看错，老李的年终奖比老张多了 1 元，但是老李要比老张多缴 1155.1 元的税。这 1.8 万元就成了年终奖纳税临界点。

　　而且，在 7 档标准中，会产生 6 个年终奖纳税临界点，它们分别是 1.8 万、5.4 万、10.8 万、42 万、66 万，以及 96 万。了解了这 6 个临界点，在处理年终奖的时候，无论是企业，还是个人，都会更加从容。

这种错只要犯一次，整年的绩效就完蛋

办公区总是会有一些小隐患。稍有不慎，就会给公司造成严重的损失。那么，要解决这个隐患，是不是很难呢？说到解决办法，其实也很容易，养成下班后整理好工位的习惯就行。

在工作中，我有一个小习惯：如果下班的时候，我是最后一个离开公司的，一般会到我们团队的办公区四处去看一下。有的时候，真的是不看不知道，一看吓一跳，每个人的脾气秉性，工作习惯，甚至是生活习惯，都能从他离开办公室的那一刻、他留下的那一点东西体现出来。

有的人的桌子收拾得干干净净，整整齐齐；有的人的桌子没法看，半袋的饼干敞口放在那儿，这在很多公司是不允许的，因为它会招来虫子或老鼠；有的人的机密文件就放在桌子上，抽屉半开着，钥匙就挂在上面晃荡……我去我们团队的办公区看什么呢？看这些不该出现的事情是不是出现了。如果出现的话，我会帮忙处理一下。

对于信息保护，很多人脑子里缺这么一根弦，因为很多工作岗位年复一年、日复一日，接触的都是保密信息。对他来说，这是再平常不过的事了。但是，他手里的信息对于很多人来说就是不能知道、不能看到的东西。

我记得有一次，我们公司的一位女同事大半夜打车回公司去找U盘。为什么呢？因为她的U盘里存着重要的数据，她所在的部门所有人的薪资数据都在那个U盘里存着。可是，U盘却不见了。她印象里是带在身上的，但是她又记不清楚是留在办公室，还是放在包里。包里没有，她又不确定是不是落在了办公室，所以就心急火燎地回去找，结果终于在她的抽屉的夹缝里看到了。当时，心里的一块石头就落地了，找到了U盘之后，她才能回家好好睡一觉。

还有一次，当时公司业绩不好，讨论是否要裁员的问题，公司内部就发了一个沟通的PPT。这个PPT里有一页嵌着一个图表，结果当有人双击图表的时候，出大事了：这个图表背后链接了一个excel的文件，excel文件里面保存着公司所有人的工资数据。工资曝光对于一家公司来说是一件糟糕得不能再糟糕的事情。

为什么会出现这种情况呢？因为做这个文件的员工对于软件的功能不熟，直接复制粘贴，他不知道除了图表被复制过来之外，图表背后的原始数据也被复制过来了。无论是技术失误也好，还是信息泄密也好，这样的事情在你一年的工作里面只要出现一次，就有可能让你这一年的活儿都白干了。不管你之前做得多么优秀，上级夸，下级夸，就因为这一次事故，就能让你的职业生涯换一个方向。这种事，如果不是自己亲身经历一次，跌一个大跟头，或吓出一身冷汗，是很容易丧失警惕的。

我们下班的那一刻是最容易出事的时候。因为很多人有过这样的心态，下班时间一到，之后的时间就是个人的时间了。所以，在办公室里每多待一分钟都觉得亏了，到了下班时间，巴不得立马拎包就走。所有的东西，包括纸张、文件什么的，都原封不动地留在办公桌上，明天来接着干。这就是一个隐患。这种隐患就像一个小地雷一样，引爆的话，可能给你造成大麻烦。

那么，要解决这个隐患，是不是很难呢？说到解决办法，其实也很容易，养成一个好习惯就行。下班之后，花几分钟时间把你的桌子稍微收拾一下。这样做有几个好处：第一，第二天来的时候，看到一张整齐的书桌，心情愉快，思路清晰；第二，消除隐患；第三，可以让别的同事对你刮目相看，几分钟的举手之劳，养成一个好习惯，带来一个好印象，何乐而不为呢？

那些让你不知不觉被老板欣赏的邮件好习惯

写邮件时，要确保收件人能够准确明白你的要求。比如，你发给 10 个人，其中的 3 个人被额外要求做不同的事情，怎么办呢？先写全体任务，再用 @ 符号标示有特殊要求的同事。

有一天上班，我刚坐到办公室就接到了一个电话，是公司另外一个部门的经理打过来的投诉电话。当时，他就站在一家酒店的门口向我发着牢骚："我怎么到了这儿之后没有看到一个人呢？今天不是培训吗？"我急忙说道："你别急，我马上去看一下到底是什么培训。"

问了之后才知道，事情是这样的：几天前，我们发过一个培训通知，收件人是所有学员。抄送栏里，是所有学员的经理。这封培训通知写得很长，这位经理收到邮件之后，没有仔细地看里面的内容，只看了标题，不幸的是，标题上写的是"欢迎参加某某培训"。于是，这位经理以为自己要去参加这场培训。那为什么只有他一个人出现在会场呢？因为后来培训改期了，而改期的邮件只发送给了学员。阴差阳错之下，这位经理跑了几十公里，去听一场他不该参加的培训最后还没听着。

这件事给了我们一个教训：当给很多人写邮件时，要确保收件人能准确明白你的要求。后来，我们是这么调整的，发给学员的邮件只发送给学员，之后再转发这封邮件给所有学员的老板，这样就避免了误会。

还有一种情况，一封邮件要同时发给很多人，但每一位收件人被要求的"动作"不一样。比如，你发给 10 个人，其中的 2 个人或者 3 个人被额外地要求做不同的事情，怎么办呢？可以这样，先写全体任务，再用 @ 符号，把有特殊要求的同事标出来，比如说 @ 皮特、@ 我、@ 小白，接下来，再说对这几位的特殊要求。

另一种特殊情况，比如我们公司的 IT 部门有一些通知要发给某几个部门的同事，但这些收件人又不是特别有规律，而且人数很多。对于发邮件的同事来说，要把这几百个人从三千人里面找出来会很浪费时间。他们用了一个办法很简单：把邮件发给全体员工，但是，在邮件第一行，声明说这个邮件是专门给某一个部门 / 项目的同事的，其他的同事请忽略，这个办法效率很高。不相关的人收到之后，一看这个邮件不是发给我的，就直接删掉了。

最后再说关于发件人。在默认的状态下，发件人这项你是不能选的，因为你自己就是发件人。但是，有的时候，你可以代表某一位同事去发邮件，这个在 outlook 里面可以实现。在菜单栏里边，你可以把发件人这一选项选出来，选了之后，你可以把别的人的名字放到这个发件人里边。你发出去之后，对方收到邮件，他会看到由你来代表那位同事发的邮件。有的时候，往往是一位同事在休假，他请另外一位同事代他发这个邮件，可以这么做；或者部门的助理代表老板来发这个邮件，也可以这么做。

　　对于这些功能，我建议大家没事的时候琢磨一下，尝试一下，往往有的时候会带来一些小的惊喜。

哪位老大的名字放在前面

很多商务场合非常讲究座次排位，发邮件也不例外。发件人需要根据事情的具体情况、内容的相关度等决定哪些人的名字要放在前面。比如，发邮件给老板时，可以把他的名字放在最前面以示其与众不同。

在很多商务场合，对于座次的安排是很讲究的，有很多人特别在乎这个。比如说，开会的时候谁挨着谁，谁坐在谁旁边；吃饭的时候，到底谁坐主位，谁背对着门。你如果把他安排在上菜的位置，有的人心里就不舒服。那我们在写工作邮件的时候，是不是也要在收件人的次序上讲究一下呢？有的朋友会说小题大做，就随便写又能怎么样？这个我也同意。但问题是，有的事情你不在乎，但不见得别人不在乎。

在一种极端的情况下，每次人家特别在乎的事，你都不在乎，就可能让对方觉得不爽，心里头疙疙瘩瘩的。时间久了，这个效应会累积，会放大，说不定哪天就会爆发出来。

我自己发邮件的时候，当发给两类人时，会稍微地考虑一下。一类是我的上级，一类是我的团队。当发给我的上级时，一般会按照姓名的拼音顺序，或者字母顺序，从 ABCD 往下排。还有一个方法，我把总经理秘书发邮件的那个收件人名单，复制粘贴过来，老大的秘书怎么发，我就怎么发。

在发给团队的时候，如果一直把某个人放在前面，其他的人，尤其是比较敏感的人，就会觉得，我更重视那个名字排在前面的人。为了避免这个情况，我的习惯是按照离我座位的顺序，从我的座位开始，一排一排推，离得近的就先发。反正我写邮件的时候就每次都把名字再过一遍，看到一个写一个。

除了这些方法之外，还有一些基本的原则。我觉得最好的顺序，是按照你这个邮件内容本身的相关度排。比如说，你这个邮件发给 10 个人，其中有一两个人是特别主要的，是这件事情的负责人，那么这两个人就理所应当地放在所有人的最前面，这也叫突出重点。还有一个原则就是女士优先。一群人里头，你先把女士放在前面，不管她是阿姨，还是奶奶，还是小妹妹，都放前面，后面再放男士。

很多老板都觉得自己是不一样的，所以在写邮件的时候，也让他感受到他的与众不同。其实，老板可以待的就两个地方，一个是放在最前面，一个是放在最后面，总之就是让他不一样，或者把他放在抄送栏里。

请微笑着打电话

打电话时请微笑，接你电话的人是能够感受得出来的。另外，打电话时尽量不要使用反问句，这是因为，你传递过去的只是声音，信号会被放大，容易引起接电话的人的不适。

某次听友见面会上，我给大家送上了一个小礼物——我自己设计的一件 T 恤衫，在准备 T 恤衫的过程中，就发生了一些小的波折。最开始，找了一家公司，后来虽然谈了很久，但是没有找他们做，结果又不得不找了另外一家公司。

其实，从最开始接触不靠谱的那家公司开始，他们的第一个电话就让我觉得心里打鼓。为什么我会有这种感觉呢？原因很简单，通过和这个公司的普通员工接触，通过电话里边简单聊的几分钟，我大概就能判断出来这个员工是不是一个训练有素的人，是不是有这种职业素养。

我在最开始和他们接触的时候，就发现了对接人的不对头，讲话非常生硬，也没有礼貌。结果，后来的事情不断验证了我的感觉。实在没有办法，我就把这家公司放弃了，浪费了不少的时间。那么，我们该怎样做才算是打好电话了呢?

我听很多人打电话,有的人接起来第一声是喂(四声),有的人讲的是喂(二声),到底是喂(四声)好,还是喂(二声)好?这个答案,仁者见仁,智者见智,但是我建议你用上升的声调:喂(二声)。这没有统一的标准,只是大家通用的讲话方式而已。

有的人拿起电话来,对方只要接了,他就开始滔滔不绝地讲,我的建议是你先问一下对方是不是方便,你可以问他现在方便吗,有三分钟时间吗,然后再说你的事情。

其实,大家打电话,或者是接电话,是能够听得出来对方是不是在微笑的。他的表情你虽然看不到,但是你能感觉出来。所以,在很多公司,前台和电话客服的桌子上都会放一个镜子,为什么呢?让他在打电话的时候,能够看到自己的表情,提醒他要微笑。你在微笑的时候,接你电话的那个人是能够感觉得出来的。

此外,打电话的时候,还有一些事情需要特别注意:不要用反问句。比如说,为什么你不做,你怎么还没有发呢,等等。这种反问句是一种质疑,是一种责备,因为你没有做好。像这种话,如果面对面的时候,加上你的表情、肢体动作,可能还能冲淡一点;但是在电话里边,你传递过去的就是一个声音,对方接收的最主要的就是这个声音,所以这个信号会被放大,很容易引起对方的不适。

打电话这件事其实不大,但是处理不好可能就会造成不好的印象,有可能埋下一个"小炸弹",而且这个"炸弹"说不定在什么时候就会爆发。

破除开会发言紧张的几个小窍门

不少人开会时，一发言就紧张。如何解决这个问题呢？一是掌握一些缓解紧张情绪的小技巧、小窍门，二是管理好自己的心态。无论是利用窍门，还是调整心态，最重要的还是练习。

一位朋友小仙问了我一个问题："开会期间，当领导让我们提个人意见的时候，怎么能够做到不紧张呢？因为很多时候，之前想到的由于怯场就都忘掉了。"其实，我自己以前也经历过和小仙一模一样的事。很多时候，老板开完会，就会看着我们这些参加会议的人，问我们有什么看法。而且，这个时候老板还会点名。于是，我们就得一个一个轮流去讲。每当快轮到我讲的时候，我就觉得心跳加速，就开始听到自己咚咚咚的心跳声，口干舌燥，开始变得声音嘶哑。

那么，这个问题应该怎么解决呢？也不复杂，两个角度，一是掌握一些小技巧、小窍门，二是管理好自己的心态。

掌握远离开会紧张的小窍门

第一，边听边想。 别等着老板把他的话都讲完了之后再想，这就慢了半拍，也会比较被动。听自然是听老板的讲话，那么想什么呢？要去想老板说的对不对，如果这样会如何，如果那样会如何。我曾在前文专门提到了用系统思考的方法来提出问题，这其实就是思考的一个框架。边听边想是一个好习惯。

第二，把想法记下来。 很多时候，我们开会时都会带着一个小本子，在上面记点东西。我自己也经常记，记完了之后基本上不看，但是从开会整理思路角度来说，它是有价值的。不要每一个字、每一句话都写得很完整，你写一些提示的词就可以了。这样到发言的时候，你看提示的词就可以讲得比较连贯了，这样表达起来比较有逻辑、有层次、显得思路清楚。

第三，注意发言的时机。 如果等到老板点名，就太晚了，你可以选择老板在讲的过程中发言，这样就显得比较主动。老板发言，他总是要歇口气的，在他停顿的时候，你可以找机会插话进去，阐述你的观点。

第四，注意讲话的顺序。 当老板点名时，我建议做第一个发言的人。因为第一个发言的压力是最小的，越到后边，等的时间越久你就会越紧张，而且紧张的程度会大大超过第一个发言。我们在坐过山车的时候最紧张的是车开始往上爬的时候，越快到顶点越紧张。会上发言的心态就是这样。尽量第一个发言，而且有一个好处，你把这个话题讲过了之后，你的同事只能给你做补充了。

第五，用呼吸来调整状态。 关于呼吸，我们都是说要慢呼吸，深呼吸，慢慢呼气，慢慢吐气。另外，你在深呼吸的时候，心里可以数着数，这样可以让你不至于胡思乱想。

管理好自己的心态

在调整心态之前，我们先要分析一下为什么会紧张。紧张肯定是来自于压力，压力又来自于哪些方面呢？来自于两个方面：第一是自己对自己的期望。因为我们希望自己表现得好，希望在领导面前、在同事面前表现得好，所以会带来一定的压力。解决办法就是把自己的心态放平和一点，反正就是一个正常发言，准备得越充分，压力就越小。

第二是熟悉的程度。这里的熟悉包括了你对于听众的熟悉程度，包括了你对于话题的熟悉程度。有的时候，你在很熟的人面前讲话不紧张，你跟你的同事、跟你的同学、跟好朋友，或者家里人正常讲话，你没有任何压力。如果面对领导，或者是面对来自于别的部门的同事时，有的时候就会有一点点紧张。

怎么解决呢？前面尽量发个声音，寒暄一下，我们在很多的培训场合开会的时候，有一个技巧叫破冰。破冰的最基本的原则，就是要大家互相能够讲个话。只要之前互相讲过一次话，发过一次声音了，就不是陌生人了。对于这个话题，怎么解决，你能够不断地去讨论类似的话题。慢慢地，大家就熟悉起来了。

其实，无论是利用窍门，还是调整心态，最重要的还是练习，反复不断的练习。练习次数多了，就会对这些技巧，会对这些环境、内容，包括人都很熟悉。职业生涯早期，会议发言可能是个问题。慢慢地，它就不会是问题，大家也不要对这件事有太大的压力。

有的公司会特别鼓励员工去发言，以至于大家开会的时候，都特别踊跃发言，即使没有什么内容，员工也要发言，就是为了表达一下自己的态度。每家公司的企业文化不同，大家在发言之前，你可以先观察一下这家公司的文化：是特别尊重等级，一定是按照等级往下排一个一个地发言，职位最低的放在最后；还是比较民主、自由的企业文化。如果是后者，老板讲的时候你觉得很好，就可以放心地插话表达自己的观点，而且也不会被责备。

目光的力量——坐向效应

坐向效应实际上传递出来的是一个很重要的信息。人们常说，眼睛是心灵的窗户，眼睛能传递出非常多的信息。同时，它也很脆弱。善用目光交流，可以在与他人沟通时起到辅助作用。

当年，美国有一个电视评论节目，开始的时候办得不温不火，主持人就跑过去向心理学家求教，怎样能够让这个节目火起来。心理学家看了几期之后，说："这件事不难，你把这些嘉宾座位的方向变一变。"嘉宾原来是围坐在一张大长条桌周围，听了心理学家的建议之后，主持人把他们变成了面对面。嘉宾座位方向改了之后，果然立竿见影，节目立刻就火了。

这就是坐向效应。类似的事情在企业里也屡见不鲜。我们在年底的时候，经常给经理们做一些绩效管理方面的培训。培训中提到一个面谈的技术细节，在上下级做绩效评估的时候，主管和下属要用什么方式坐着。我们在培训时会放两段视频，第一段视频是不好的示范，第二段是好的示范。

在第一段视频里，主管和下属面对面坐着，两个人的目光接触只有两个选择：目光直视，或者一个人低头看桌子，无形中，两个人的情绪都会紧张；而在第二段视频里，两个人是斜对面坐着的，两个人是目光交织，不是直视，两个人的目光可以错开，不必或者看着对方，或者低头，这种座位安排让双方都舒适很多。

其实，这个原理还可以应用在更多场景中。如果你想给对方带来很大的压迫感，就可以选择面对面就座；如果你不想给对方很大的压迫感，比如参加面试，为了避免面试官给我们太大的压力，我们可以主动选择坐在他 90 度角的位置。这样，你不是直视他的目光，你的心理压力相对来说就会少一点。

有的时候，谈心也是一样。当你和一个人想进入比较融洽的、压力不是那么大的氛围时，你可以选择两人不要面对面地直视对方。

为什么坐向效应会有这么神奇的效果呢？实际上，坐向效应背后传递出来的是一个很重要的信息。人们常说，眼睛是心灵的窗户，眼睛能传递出非常多的信息。同时，它也挺脆弱的。善用目光交流，可以在与他人沟通时起到辅助作用。